高等学校通识教育系列教材

大学计算机基础实验教程

陈晓文 熊曾刚 王曙霞 主　编

涂俊英 朱三元 张学敏 副主编

清华大学出版社

北　京

内　容　简　介

本书按照全国地方高校计算机基础公共课部教学改革的需求进行编写,内容涉及 16 个主要的实验项目、全国计算机等级考试模拟实验、计算机基础习题。这 16 个实验主要包括 Windows 7 操作系统,计算机网络,Office 2010 中的 Word、Excel、PowerPoint、Access 等内容,最后两章从应试需求出发,较为全面地涵盖了全国计算机等级考试(一级 MS Office)及计算机基础类课程考核的知识点。全书以全国计算机等级考试(一级 MS Office)的实验要求为主要目标,充分结合全国地方高校计算机基础课程的教学改革需求,同时注重对学生动手及应用能力的培养,每个章节的实验内容均有明确的实验目的作为驱动,并辅以详细的操作步骤及提示信息进行说明,力求使学生通过此书的学习能够提高计算机的各种应用能力。

本书作为湖北工程学院计算机基础公共课部教学改革的研究成果,同时也是湖北工程学院主编的《大学计算机基础应用教程》的实验指导教材,可以用于全国计算机等级考试(一级 MS Office)的实验模拟训练。

图书在版编目(CIP)数据

大学计算机基础实验教程/陈晓文等主编.—北京:清华大学出版社,2019(2019.7重印)
(高等学校通识教育系列教材)
ISBN 978-7-302-52437-3

Ⅰ.①大… Ⅱ.①陈… Ⅲ.①电子计算机－高等学校－教材 Ⅳ.①TP3

中国版本图书馆 CIP 数据核字(2019)第 039285 号

责任编辑:刘向威
封面设计:文　静
责任校对:徐俊伟
责任印制:宋　林

出版发行:清华大学出版社
　　　　网　　　址:http://www.tup.com.cn,http://www.wqbook.com
　　　　地　　　址:北京清华大学学研大厦 A 座　　　　　邮　　编:100084
　　　　社 总 机:010-62770175　　　　　　　　　　　　邮　　购:010-62786544
　　　　投稿与读者服务:010-62776969,c-service@tup.tsinghua.edu.cn
　　　　质量反馈:010-62772015,zhiliang@tup.tsinghua.edu.cn
　　　　课件下载:http://www.tup.com.cn,010-62795954
印　刷　者:北京富博印刷有限公司
装　订　者:北京市密云县京文制本装订厂
经　　销:全国新华书店
开　　本:185mm×260mm　　印　张:14.75　　　　字　　数:365 千字
版　　次:2019 年 4 月第 1 版　　　　　　　　　　印　　次:2019 年 7 月第 2 次印刷
印　　数:1801~3900
定　　价:45.00 元

产品编号:080976-01

前　言

为了深化计算机基础课程的教学改革,适应全国计算机等级考试一级 2018 版大纲的变化,在湖北工程学院计算机基础公共课部的指导下,本书的编写汇集了多名在"计算机基础及应用"课程教学一线工作多年的教师,旨在为读者提供一本既能体现当前计算机公共课对应用型人才培养的要求,又能反映最新计算机等级考试(一级 MS Office)实验大纲内容的系统性实验教材。

本书主要内容共包括 16 个实验项目、全国计算机等级考试模拟实验、计算机基础习题。其中 16 个实验项目包括了 Windows 7 操作系统,计算机网络,Office 2010 中的 Word、Excel、PowerPoint、Access 等内容,涉及 Windows 7 的基本操作、资源管理器的应用、控制面板的使用,计算机网络中浏览器与电子邮件的应用、网络资源的共享,Word 2010 的基本操作、图文混排、长文档的排版、邮件合并,Excel 2010 的基本操作、图表的制作、数据的操作、工作表的打印与保护,PowerPoint 2010 的基本操作、演示文稿的设计,Access 2010 数据库的创建及应用。在全国计算机等级考试模拟实验中,完整地介绍并分析了全国计算机等级考试(一级 MS Office)的考核题型,并针对试题进行了较为深入的操作说明;在计算机基础习题中,从学生应试的理论需求出发,所列习题较为全面地考核了全国计算机等级考试(一级 MS Office)及计算机基础类课程的知识点,适合应试前的理论知识复习与巩固,习题的参考答案列在附录 A 中。

本书由湖北工程学院计算机与信息科学学院的陈晓文、熊曾刚、王曙霞、涂俊英、朱三元、张学敏参与并完成编写,其中陈晓文、熊曾刚、王曙霞任主编,涂俊英、朱三元、张学敏任副主编。陈晓文编写了第 1 章、第 4 章、第 5 章和第 8 章;熊曾刚编写了第 2 章;王曙霞编写了第 7 章;涂俊英编写了第 3 章;朱三元编写了第 6 章;张学敏负责全书实验项目及习题参考答案的校验工作;熊曾刚负责全书的审定工作。

本书所有实验的操作均在 Windows 7 旗舰版 SP1(版本号为 6.1.7601)及 MS Office Professional Plus 2010 环境下进行,但是由于微软操作系统及应用软件的子版本众多,当读者的实验环境与本书存在差异时,本书中的图示与实验操作界面可能存在些许差异。同时由于编者水平有限,且本书涉及的实验操作过程繁杂,虽然在定稿前已经对全部内容进行了仔细校验,但难免会出现错误或不足之处,恳请各位专家及读者指正,如有需要可以联系 xiaowchen@hbeu.edu.cn。

作　者

2018 年 9 月

目　录

第1章 操作系统

本章实验目标：熟悉 Windows 7 操作系统的基本操作；熟悉 Windows 资源管理器的应用；了解 Windows 控制面板的使用。

1.1 Windows 7 的基本操作

1.1.1 实验目的

（1）熟悉 Windows 的启动、注销及重启等操作。

（2）熟悉"开始"菜单及任务栏的操作。

（3）熟悉 Windows 窗口、菜单、对话框的操作。

（4）掌握汉字输入法的使用。

（5）熟悉 Windows 桌面的操作。

（6）了解 Windows 的常规应用。

1.1.2 实验内容

1. Windows 的启动、注销及重启等操作

1）Windows 的启动

（1）打开计算机各外部设备（例如显示器、打印机等）的电源开关。

（2）打开计算机主机箱的电源开关。

提示：虽然不同的外部设备及计算机主机箱的电源开关位置各不相同，但一般在其电源开关的按钮上会有"⏻"标记，打开或关闭电源时，只需按有此标记的开关即可。在公共机房环境中，由于计算机的启动与关闭非常频繁，为了减少不必要的损耗及操作，显示器的电源开关在关机后一般不关闭，这样在启动 Windows 时，只需打开计算机主机箱的电源开关，即前面第（1）步的操作在很多时候是可以省略的。

（3）此时显示器屏幕上将显示计算机系统启动前的自检信息，如果计算机没有硬件故障，则计算机在完成自检后，将自动进行 Windows 系统的启动，启动成功的登录界面一般会如图 1-1 所示。此时只需输入正确的密码就可以登录到 Windows 桌面，如图 1-2 所示。桌面上的图标分别对应不同的应用程序,通过双击桌面上的图标可以快速打开某个程序。

图 1-1　Windows 启动成功的登录界面

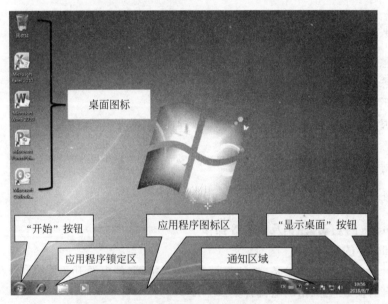

图 1-2　Windows 7 的桌面

　　提示:目前大多数公共机房的管理员为了方便计算机的控制与管理,均会在计算机系统中安装类似于硬盘保护的网络控制系统,并且一个计算机上安装的操作系统可能有两种以上。因此在机房的计算机上执行上述操作时,显示器屏幕上会首先显示多个不同操作系统的选项,请根据实验指导老师的提示选择正确的操作系统选项后,按键盘上的 Enter 键(也称"回车键")完成计算机的启动;Windows 启动成功后,机房的控制系统一般还会要求输入自己的学号及密码等信息,请按照实验指导老师的提示输入信息并登录,如果登录成功,则可以在显示器屏幕上看到如图 1-2 所示的 Windows 桌面。

（4）认识 Windows 任务栏。在图 1-2 中，桌面最下方的长条形区域就是任务栏，从左到右分别由"开始"按钮、应用程序锁定区、应用程序图标区、通知区域和"显示桌面"按钮组成。

提示：单击"开始"按钮可以打开 Windows"开始"菜单，菜单中有大部分已安装的软件及系统程序对应的图标；应用程序锁定区中的图标一般对应使用频率较高的应用程序；应用程序图标区用于集中显示打开的应用程序图标，通过此区域的图标可以在多个不同应用程序间快速切换；通知区域则是通过各种小图标形象地显示当前计算机软、硬件的各种通知信息，其中的时间信息是最常见的通知信息；"显示桌面"按钮位于任务栏最右边，可以在桌面被应用程序窗口遮挡时，快速显示出当前桌面。

2）Windows 注销与重启操作

（1）单击任务栏中的"开始"按钮，可以打开如图 1-3 所示的"开始"菜单；单击"关机"按钮后面的三角形按钮▶，打开"关机"级联菜单；单击级联菜单中的"注销"选项，即可完成当前登录用户的注销操作，并返回到图 1-1 所示的登录界面。

图 1-3　Windows 的"开始"菜单

（2）重新登录到 Windows 桌面，依次单击"开始"按钮→"关机"级联菜单→"重新启动"选项，重新启动计算机。

提示：公共机房中的计算机系统一般均会安装硬盘保护类的软件，此类软件将会在计算机重新启动后，自动恢复计算机系统的原始数据，而用户在 Windows 中创建的所有数据及文件都将丢失。因此在公共机房的计算机上进行重新启动的操作前，必须自行确保有用的数据及文件已经保存到其他地方（如 U 盘、云盘、FTP 服务器等）；正是由于这类软件的限制，在公共机房的计算机上操作时，"关机"级联菜单中的某些选项可能是灰色的或无法选择的，例如图 1-3 中的"睡眠""切换用户"等选项。

2. "开始"菜单及任务栏的操作

1)"开始"菜单的操作

（1）单击"开始"按钮，打开如图 1-3 所示的"开始"菜单，依次选择"所有程序"级联菜单→"附件"。如图 1-4 所示，"附件"中的程序是 Windows 系统提供的常用程序。

图 1-4　Windows 的"附件"

（2）右击图 1-4 所示"附件"中的"记事本"选项，打开"记事本"的右键快捷菜单，如图 1-5 所示。单击右键菜单中的"附到「开始」菜单"选项。

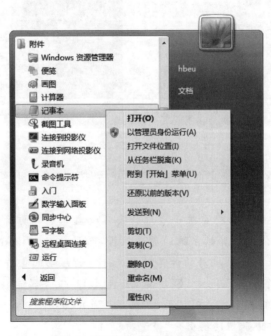

图 1-5　"记事本"的右键快捷菜单

（3）单击 Windows 任务栏中的"开始"按钮，打开"开始"菜单，将会发现"记事本"程序的图标已经位于"开始"菜单的顶部，如图 1-6 所示。

图 1-6　将"记事本"程序锁定到任务栏

（4）在图 1-6 所示的"开始"菜单中右击"记事本"选项，在其右键菜单中选择"锁定到任务栏"选项。

提示：完成上述操作后，在任务栏的应用程序锁定区将会看到"记事本"程序的图标。以后如需要打开"记事本"程序，可以直接在任务栏的应用程序锁定区中单击"记事本"图标。

（5）打开 Windows"开始"菜单，在"开始"菜单下方的"搜索程序和文件"文本框中使用键盘输入 notepad，然后按 Enter 键打开"记事本"程序。

提示：打开应用程序的方法除了使用"开始"菜单中的"所有程序"级联菜单外，还可以直接在"开始"菜单中的"搜索程序和文件"文本框中输入应用程序对应的文件名，然后按 Enter 键打开，例如"记事本"程序对应 notepad，"写字板"程序对应 wordpad，"画图"程序对应 mspaint。

2）任务栏的操作

（1）右击任务栏中央的空白区域，打开右键菜单，如图 1-7 所示，此时的任务栏是"锁定"状态。选择右键菜单中的"锁定任务栏"选项，此时任务栏将处于"解锁"状态。

（2）将鼠标指针指向任务栏的上边界，当鼠标指针由箭头变为上下双向箭头时，按住鼠标左键向上拖动，调节任务栏的高度为原来的两倍。

（3）将鼠标指针指向任务栏中央的空白区域，按住左键分别向桌面的左边、上边、右边进行拖放操作，改变任务栏在桌面上的停靠位置。

（4）使用上述操作方法，恢复任务栏的默认状态。

（5）右击任务栏中央的空白区域，打开右键菜单，如图 1-7 所示。选择右键菜单中的

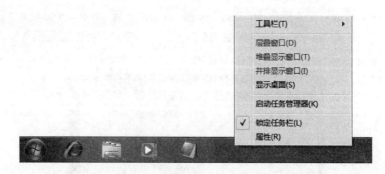

图 1-7　任务栏的右键菜单

"属性"选项。打开如图 1-8 所示的"任务栏和「开始」菜单属性"对话框。使用鼠标左键依次选中"锁定任务栏""自动隐藏任务栏""使用小图标",最后单击对话框下方的"应用"按钮,并观察任务栏的变化及状态。

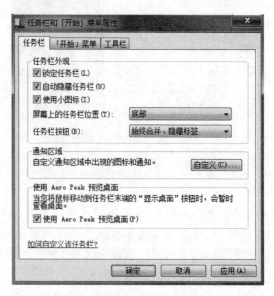

图 1-8　"任务栏和「开始」菜单属性"对话框

（6）单击图 1-8 所示对话框中的"自定义"按钮,打开如图 1-9 所示的"通知区域图标"窗口,选中"始终在任务栏上显示所有图标和通知"选项,然后单击"确定"按钮。此时任务栏中的通知区域将显示出所有的通知信息。

（7）单击图 1-8 所示对话框中的"「开始」菜单"选项卡,打开如图 1-10（a）所示界面,单击其中的"自定义"按钮,打开如图 1-10（b）所示的"自定义「开始」菜单"对话框。单击选择列表中"计算机"选项中的"显示为菜单",然后依次单击两个对话框中的"确定"按钮完成设置。此时可以观察到"开始"菜单中"计算机"程序图标变为了级联菜单。

3. Windows 窗口、菜单、对话框的操作

1）Windows 窗口的操作

（1）通过任务栏锁定区中的"记事本"程序图标打开"记事本"程序窗口,如图 1-11 所示。

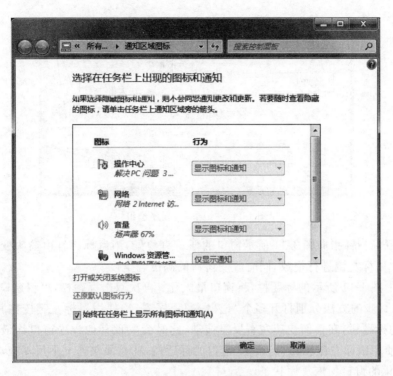

图 1-9 "通知区域图标"窗口

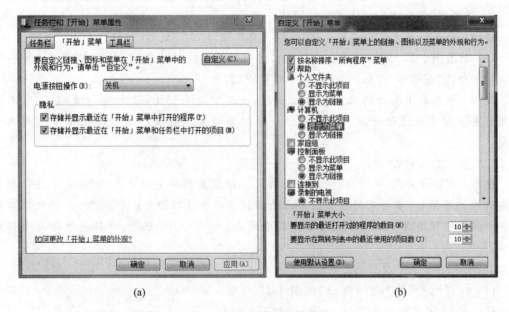

(a)　　　　　　　　　　　　(b)

图 1-10 自定义"开始"菜单

　　提示：图 1-11 所示的虽然是"记事本"程序的窗口，但与其他 Windows 程序窗口的基本组成差别不大。

　　（2）将鼠标指针指向图 1-11 所示窗口的任一边界，当鼠标指针由箭头变为双向箭头时，按住鼠标左键进行拖放，改变窗口的高度或宽度。

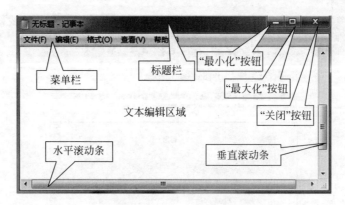

图 1-11 "记事本"程序窗口

（3）将鼠标指针指向图 1-11 所示窗口的任一直角处，当鼠标指针由箭头变为斜向双向箭头时，按住鼠标左键进行拖放，同时改变窗口的高度与宽度。

（4）双击图 1-11 所示的标题栏，将窗口最大化；再次双击标题栏，可将窗口大小恢复原状；使用第（1）步的方法分别打开多个"记事本"程序窗口，使用鼠标左键按住其中一个"记事本"窗口的标题栏，在桌面快速左右反复拖动，此时会发现其他程序窗口均最小化到任务栏了；再次使用鼠标左键按住"记事本"窗口的标题栏，在桌面快速上下反复拖动，此时会发现刚才最小化的窗口均恢复原状了。

（5）单击图 1-11 所示的"最大化"按钮，将窗口最大化到桌面；再次单击此按钮（此时变为"向下还原"按钮），将窗口大小恢复原状。

提示：当窗口最大化后，"最大化"按钮将自动变为"向下还原"按钮。

（6）单击图 1-11 所示的"最小化"按钮，将窗口最小化到任务栏；在任务栏的应用程序图标区中单击"记事本"图标，将窗口大小恢复原状。

提示：当桌面上打开的程序窗口较多时，也可以使用 Alt＋Tab 组合键，在多个不同应用程序窗口之间进行切换；使用 Alt＋Esc 组合键可以在多个非最小化窗口之间进行切换。

（7）单击图 1-11 所示的"关闭"按钮，将"记事本"程序窗口关闭。

提示：窗口最大化、最小化、关闭等操作也可以使用控制菜单完成，方法是单击标题栏最左边的程序图标，在打开的控制菜单中选择相应功能选项即可；关闭程序窗口也可以在任务栏的应用程序图标上使用鼠标右键菜单完成；使用 Alt＋F4 组合键也可以关闭程序窗口。

2）Windows 菜单及对话框的操作

（1）打开"记事本"程序窗口，如图 1-11 所示。单击任务栏通知区域中的输入法图标，打开"输入法"列表，如图 1-12 所示，单击自己熟悉的汉字输入法，例如"搜狗拼音输入法"；然后在"记事本"程序窗口的文本编辑区中输入汉字"连通"。

提示：不同机房安装的汉字输入法不尽相同，但主要有拼音与五笔字型两大类，若没有进行过专业

图 1-12 "输入法"列表

的打字训练,则建议使用拼音类的输入法;如果有过打字专业训练,则使用五笔字型输入法的效率是最高的。汉字输入法的选择也可以使用 Ctrl＋Shift 组合键进行切换,打开或关闭汉字输入法可以使用 Ctrl＋空格键。

(2) 选择图 1-11 所示窗口中的"文件"菜单,打开"记事本"程序窗口的"文件"菜单,选择"另存为"选项,打开如图 1-13 所示的对话框。通过对话框左边的导航窗格选择需要保存的位置为"桌面",在"文件名"文本框中输入文件名称为"123","保存类型"使用默认的"文本文档","编码"使用默认的 ANSI,然后单击"保存"按钮。

图 1-13 "另存为"对话框

(3) 选择图 1-11 所示窗口中的"文件"菜单,选择"退出"选项关闭"记事本"程序窗口;此时在 Windows 桌面上可以发现上一步保存的名为"123"的文本文档;双击此文档的图标打开"记事本"程序,此时可以发现"记事本"程序窗口显示的是两个乱码字符。

(4) 删除上一步中显示的两个乱码字符,重新输入汉字"连通";选择"文件"菜单中的"另存为"选项,打开如图 1-13 所示的对话框,将"文件名"文本框中的"123"修改为"456",单击对话框下方的"编码"下拉列表,选择其中的 Unicode 选项,单击"保存"按钮;关闭"记事本"程序窗口;重新打开桌面上名为"456"的文本文档,此时可以发现打开的"记事本"程序窗口显示的内容正常。

提示:"记事本"程序使用的默认编码类型 ANSI 是一种很老的编码,与 Windows 系统使用的编码存在兼容性问题,建议在"记事本"等程序中保存文本时,使用 Unicode 等其他的编码选项。

4. 汉字输入法的使用

1) 输入法的安装、删除操作

(1) 右击任务栏通知区域中的输入法图标,打开"输入法"右键菜单,选择"设置"选项,打开"文本服务和输入语言"对话框,如图 1-14 所示;单击"添加"按钮,打开"添加输入语言"对话框,如图 1-15 所示;选中列表中的"简体中文郑码",单击"确定"按钮,返回"文本服

大学计算机基础实验教程

务和输入语言"对话框;单击"文本服务和输入语言"对话框中的"应用"按钮,此时在任务栏通知区域中,可以查看到"输入法"列表中已经成功添加了输入法"简体中文郑码"。

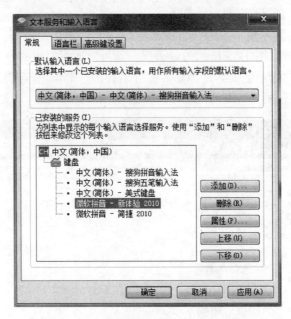

图 1-14 "文本服务和输入语言"对话框

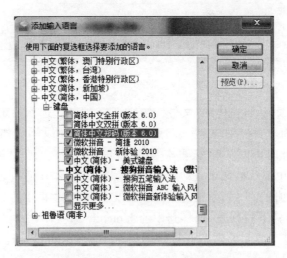

图 1-15 "添加输入语言"对话框

(2) 在图 1-14 所示的"文本服务和输入语言"对话框中选择列表中已经安装的输入法,例如"简体中文郑码",然后单击"删除"按钮,可以将选定的输入法从"输入法"列表中删除。

提示:对于搜狗拼音、QQ 拼音等第三方软件厂商提供的输入法,也可以直接使用其官网上的安装文件进行输入法的安装;这些输入法也可以通过软件自带的卸载功能进行删除操作。

2) 输入法的使用

(1) 打开 Windows"开始"菜单,在"搜索程序和文件"文本框中输入 Wordpad,然后按

Enter 键打开如图 1-16 所示的"写字板"程序窗口。

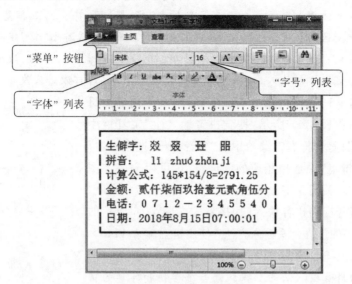

图 1-16 "写字板"程序窗口

（2）单击图 1-16 所示的"菜单"按钮，打开下拉菜单并依次选择"另存为"级联菜单、"RTF 文本文档"选项；在打开的"保存为"对话框中选择"保存位置"为"桌面"，"文档名称"为"文档 1"，然后单击"保存"按钮。

（3）在图 1-16 所示的"主页"选项卡中选择"字体"列表中的"宋体"选项、"字号"列表中的"16"选项。

（4）在"写字板"程序窗口的文本编辑区中输入如图 1-16 所示的框线，建议使用搜狗拼音输入法输入以上内容。

提示：文本编辑区中的框线是通过几个特定图形字符排列形成的，它们分别是字符┌、─、┐、│、└、┘。方法是右击图 1-17 所示"搜狗拼音输入法"工具栏中的"输入方式"图标，选择右键菜单中的"制表符"选项，在打开的"搜狗软件键盘"中选择相应的图形制表字符，可以完成图 1-16 中的框线输入。

图 1-17 搜狗拼音输入法的工具栏

对于经常使用的特殊字符，也可以通过其他方法快速输入，例如需要经常输入特殊字符"│"，则可以先在图 1-16 所示文本编辑区中选定此字符，然后按 Alt＋X 组合键，此时选定的字符"│"将自动变为数字 2503，再次按 Alt＋X 组合键，将恢复字符"│"的显示，若要在其他位置重复输入此字符，可以先输入数字 2503，然后选定这 4 个数字，再按 Alt＋X 组合键就可以实现快速输入；另一种方法是使用 Alt＋9475 组合键，其中的"9475"必须使用小键盘区的数字键输入，不能使用打字键区上面的数字键输入（9475 是十六进制数 2503 的十进制数表示）。

（5）打开搜狗拼音输入法，输入如图 1-16 所示的第一行文字。其中生僻字"焱"的输入方法：使用键盘输入 upnpnpnpn 可以完成"焱"字的输入；"叒"的输入方法：使用键盘输入 uyouyouyouyou 可以完成"叒"字的输入。

提示：当遇见不会念的汉字时，可以使用键盘先输入 u，然后依次输入汉字的笔画代码。搜狗拼音分别使用 h、s、p、n、z 五个字母代表"横、竖、撇、捺、折"五种基本的汉字笔画，也可以使用小键盘区的数字 1、2、3、4、5，分别表示这五种笔画，因此"叕"字的输入也可以使用 u34343434 完成；如果知道汉字组成部分的发音，则可以在输入 u 后，依次输入这些组成部分的拼音来完成汉字的输入，例如通过键盘输入 ubuyao 后可以输入汉字"甭"。

（6）输入图 1-16 所示的第 2 行文字，其中有声调的韵母输入方法为：右击图 1-17 所示"搜狗拼音输入法"工具栏中的"输入方式"图标，选择右键菜单中的"拼音字母"选项，在打开的"搜狗软件键盘"中选择相应的韵母符号，可以完成如图所示的输入；最后关闭汉字输入法。

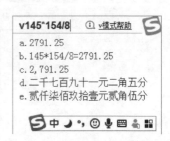

图 1-18　搜狗拼音输入法的 v 模式

（7）再次打开搜狗拼音输入法，接着输入图 1-16 所示的第 3 行文字，其中的计算公式输入方法：使用键盘输入 v145 * 154/8，然后输入 b，输入效果如图 1-18 所示。

提示：搜狗拼音输入法的 v 模式是一个转换和计算的功能组合，通过此方法可以实现数字转换、日期转换、各种算式或函数的计算等。

（8）输入图 1-16 所示的第 4 行文字，其中的大小金额输入方法为：使用键盘输入 v2791.25，然后输入 b。

（9）输入图 1-16 所示的第 5 行文字，在输入后面的电话号码前，必须先将输入法默认的"半角"状态切换到"全角"状态。方法是单击图 1-17 所示的"全/半角"图标，此图标为月牙形表示"半角"状态、为圆形表示"全角"状态；切换到"全角"状态后，再输入电话号码的数字。

提示：全角与半角的切换也可以使用 Shift＋空格键完成。

（10）输入图 1-16 所示的第 6 行文字，后面的日期时间为当前日期时间。输入方法为：先将"全/半角"状态切换到"半角"状态，然后使用键盘输入 sj，在输入法的提示栏中选择需要的时间格式即可。

提示：完成上述各行信息的输入后，还需要使用键盘的空格键或 Tab 键进行适当排版，才能得到如图 1-16 所示的效果。

5. Windows 桌面的操作

1）桌面外观的操作

（1）在 Windows 桌面的空白处右击，在打开的右键菜单中选择"个性化"菜单选项，打开如图 1-19 所示的"个性化"设置窗口。

（2）依次单击列表中"Aero 主题"区中的"建筑""人物""风景"等图标，并仔细观察每次单击后当前 Windows 桌面外观风格的变化。

（3）单击图 1-19 所示窗口下方的"桌面背景"图标，打开"桌面背景"设置窗口，选择其中一张图片，单击下方的"保存修改"按钮，观察 Windows 桌面背景的变化。

（4）单击图 1-19 所示窗口下方的"屏幕保护程序"图标，打开"屏幕保护程序设置"对话框，在中间的"屏幕保护程序"列表中选择"变幻线"选项，然后单击后面的"预览"按钮，观察

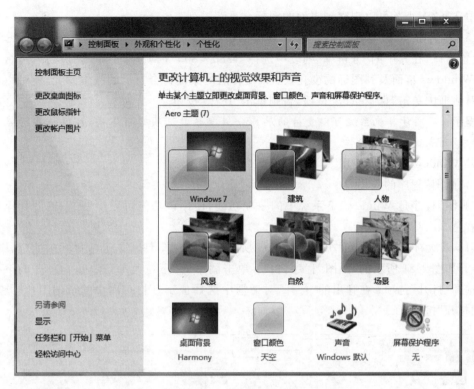

图 1-19 "个性化"设置窗口

桌面的变化。

2）桌面图标的操作

（1）在 Windows 桌面的空白处右击，在打开的右键菜单中选择"查看"级联菜单，打开如图 1-20 所示窗口；选择级联菜单中的"小图标"选项，观察桌面图标的变化。

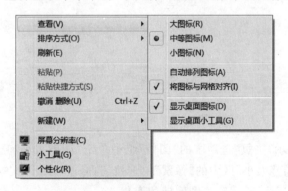

图 1-20 "桌面"右键菜单

（2）打开如图 1-20 所示级联菜单，选择其中的"显示桌面图标"选项，此时可以发现原来位于 Windows 桌面的图标全部被隐藏起来了。

（3）打开如图 1-20 所示级联菜单，再次选择其中的"显示桌面图标"选项，此时可以发现上一步操作隐藏的桌面图标全部恢复原样了。

（4）打开如图 1-20 所示的"桌面"右键菜单，选择"排序方式"级联菜单，在打开的级联菜单中选择"大小",可以观察到桌面的图标会重新排列。

（5）打开如图 1-20 所示的"桌面"右键菜单，单击"屏幕分辨率"选项，打开"屏幕分辨率"设置窗口，在其中的"分辨率"列表中选择"1280×800"选项，然后单击"应用"按钮，观察此时 Windows 桌面及其图标的变化；如果变化后的桌面符合自己的视觉感受，就可以在弹出的对话框中单击"保留更改"按钮，否则单击"还原"按钮。

提示：不同计算机系统可以支持的屏幕分辨率参数选项略有不同，可根据实际显示的"分辨率"列表选项进行操作。

6．Windows 的常规应用

1）"画图"程序的应用

"画图"程序是 Windows 7 系统中的一项功能，使用该功能可以绘制、编辑图片以及为图片着色。

（1）依次打开 Windows"开始"菜单→"所有程序"→"附件"，单击"附件"中的"画图"选项，打开如图 1-21 所示的"画图"程序窗口；单击图中的"下拉菜单"按钮，在打开的下拉菜单中选择"打开"选项；在弹出的"打开"对话框中选择位于"图片"库中的示例图片"菊花"，单击"打开"按钮。

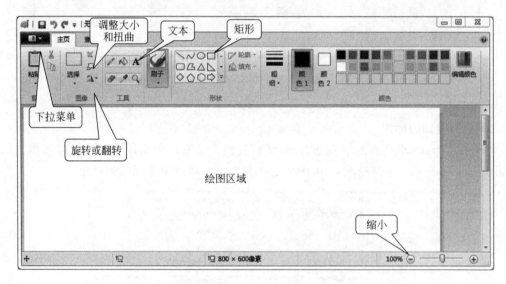

图 1-21　"画图"程序窗口

（2）在图 1-21 所示"主页"选项卡的"图像"组中单击"调整大小和扭曲"按钮，在打开的对话框中选择"重新调整大小"区中的"像素"单选按钮，修改"水平"文本框中的数字为 800，然后单击下面的"确定"按钮，观察绘图区域的变化。

（3）在图 1-21 所示"主页"选项卡的"工具"组中单击"文本"图标，在绘图区域的右上角单击。此时"画图"窗口将自动出现如图 1-22 所示的"文本工具-文本"选项卡及由虚线组成的文本框，在"字体"组中单击"字体系列"下拉菜单，选择菜单中的"@华文行楷"选项；单击"字体大小"下拉菜单，选择菜单中的"20"选项；单击"颜色"组中的"白色"图标；在绘图区域中的文本框中输入诗句"秋从绕舍似陶家，遍绕篱边日渐斜。不是花中偏爱菊，此花开尽更无花。"；调整文本框的大小，使其文字正好排列 4 行，如图 1-22 所示。

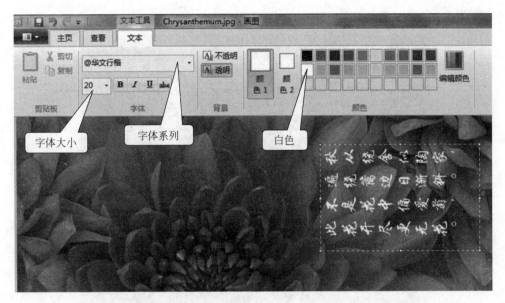

图 1-22 "画图"窗口的"文本"选项卡

（4）选择"主页"选项卡,单击图 1-21 所示的"旋转或翻转"按钮,选择其中的"向右旋转90 度"选项,观察绘图区域的变化。

（5）单击图 1-21 所示的"下拉菜单"按钮,选择其中的"另存为"级联菜单,单击级联菜单中的"PNG 图片"选项,打开"保存为"对话框;选择保存位置为"桌面";文件名修改为"菊花",单击"保存"按钮。

（6）单击图 1-21 所示的"下拉菜单"按钮,选择其中的"设置为桌面背景"级联菜单,单击级联菜单中的"居中"选项,观察 Windows 桌面的变化。

（7）单击图 1-21 所示窗口右下方的"缩小"按钮,将绘图区域缩小为 50% 显示;在"主页"选项卡的"工具"组中单击第 2 排第 2 列的"颜色选取器"按钮,然后在绘图区中某个菊花花瓣上单击,此时"颜色"组中的"颜色 1"将自动变为刚才鼠标选取的颜色。单击此组后面的"编辑颜色"按钮,在打开的"编辑颜色"对话框中单击"添加到自定义颜色"按钮,最后单击"确定"按钮回到"画图"窗口,此时"颜色"组后的第 3 排第 1 个颜色将是刚才添加的自定义颜色。接着选择"颜色"组中的"颜色 2",然后单击其后自定义的第 1 个颜色。

提示:"颜色"组中的"颜色 1"用于设置前景颜色,例如文本中的文字、线条等的颜色;"颜色 2"用于设置背景颜色,例如文字的背景或各种形状的填充颜色。

（8）单击图 1-21 所示窗口中"形状"组中的"矩形"图标(即第 4 个图标),选择其后的"轮廓"下拉菜单中的"纯色"选项、"填充"下拉菜单中的"纯色"选项;使用鼠标左键在绘图区域顶部拖拉出一条细长的矩形;单击"图像"组中的"选择"按钮,在绘图区域中选定刚才添加的矩形,分别单击"剪贴板"组中的"复制""粘贴"按钮,将粘贴后的矩形拖放到绘图区域的底部。使用同样方法,在绘图区域的左边与右边添加相同宽度的矩形。最后样张如图 1-23所示。

提示:使用鼠标进行拖放操作时,如果位置不够精准,可以使用键盘上的方向控制键调整;如果添加的矩形在四个边上没有完全对齐,可以使用"选择"按钮,重新选择齐整的区域后，单击"裁剪"按钮后重新编辑。

图1-23　"画图"最后的样张

2）"截图工具"程序的应用

"截图工具"程序是 Windows 提供的屏幕图形处理的简单工具，可以对屏幕上显示的各种信息进行各种截屏处理。

（1）依次打开 Windows"开始"菜单→"所有程序""附件"，选择"附件"中的"截图工具"选项，打开如图1-24所示的"截图工具"程序窗口。

图1-24　"截图工具"窗口

（2）单击图1-24所示窗口中"新建"按钮旁边的箭头，在打开的下拉列表中选择"全屏幕截图"，此时"截图工具"窗口中显示的图像就正是当前屏幕的内容，其窗口中的工具栏也将发生变化，结果如图1-25所示。

提示：进行任何截图操作后，窗口中显示的图像均自动保存到 Windows 系统剪贴板中，在任何可以编辑图片的程序中（例如前面介绍的"画图"程序），均可使用 Ctrl＋V 组合键进行粘贴操作。

图 1-25 截图操作之后的结果

（3）单击图 1-25 中的"保存截图"按钮（即工具栏中的第 2 个图标），将当前截图保存到桌面，文件名为"捕获"。

（4）分别使用图 1-24 所示窗口中"新建"下拉菜单的"任意格式截图""矩形截图""窗口截图"选项，完成 3 种不同方式的截图操作。

提示：截图操作完成后，使用如图 1-25 所示"截图工具"窗口中的画笔工具，还可以对图像进行各种简单的画线操作。更复杂的图像处理，建议使用前面介绍的"画图"程序进行。

（5）单击图 1-24 所示窗口中的"新建"按钮，按 Esc 键；打开"记事本"程序窗口，单击窗口中的"文件"按钮，打开"文件"菜单；使用 Ctrl＋PrtScn 组合键，可以将"记事本"程序的"文件"菜单截图到"截图工具"窗口中。

提示：PrtScn 键一般位于键盘最上面一排的倒数第 3 个键，有的键盘也将此键标示为 PrintScreen；单独使用 PrtScn 键可以将桌面作为图片复制到系统剪贴板，使用 Alt＋PrtScn 组合键可以将当前活动窗口作为图片复制到系统剪贴板中。

3）"计算器"程序的应用

"计算器"程序是 Windows 系统提供的计算工具，可以进行加、减、乘、除等简单运算，计算器还提供了编程计算器、科学型计算器和统计信息计算器等高级功能。

（1）依次打开 Windows"开始"菜单→"所有程序""附件"，选择"附件"中的"计算器"选项，可以打开"计算器"程序窗口。默认情况下，此窗口为"标准型"中的"基本"功能，只能进行非常简单的数学计算。单击"查看"按钮，可以发现"计算器"程序还能提供非常多的计算功能。

（2）单击"计算器"程序窗口中的"查看"按钮，选择"查看"菜单中的"工作表"级联菜单，单击其中的"抵押"选项，打开如图 1-26 所示窗口；选择下拉列表中的"按月付款"选项，在"采购价"中输入 1000000、"定金"中输入 300000、"期限（年）"中输入 20、"利率（％）"中输入 4.9；单击"计算"按钮，可以得到每个月需要支付的金额为 4581.108342838903。

提示：此操作中的"采购价"也可理解为购房总价、"定金"可理解为各城市规定的首付

图 1-26 "计算器"的"抵押"功能

金额、"期限"可理解为还贷年限。因此上述操作也可以理解为 100 万的房价、首付 30％、贷款 20 年、年利率为 4.9％的前提下，每个月需还款约 4581.11 元。

（3）单击图 1-26 所示界面中的"查看"按钮，分别选择"查看"菜单中的"程序员""基本"选项，打开如图 1-27 所示窗口，此窗口默认显示的是十进制数的计算界面；使用鼠标依次单击"1""2""3"按钮（也可以使用键盘输入"123"的数值）；分别单击窗口左侧的"十六进制""八进制""二进制"单选按钮，观察十进制数 123 在不同数制下的转换结果。

图 1-27 "计算器"的"程序员"功能

提示：不同数制之间的转换是各种计算机考试中常见的题型，熟练掌握数制之间的转换对各种应试很有帮助；"查看"菜单中除了"标准型"与"程序员"外，还提供有"科学型""统计信息"等功能，可自行操作练习。

4）Windows 帮助和支持

Windows 系统提供的功能繁多，任何书籍都很难全面、详细地介绍，因此在 Windows 的使用过程中经常会碰到不会的应用或功能。此时，用户可以使用"Windows 帮助和支持"功能了解相应程序或应用的使用方法。

（1）打开 Windows"开始"菜单，单击"开始"菜单右下方的"帮助和支持"按钮，可以打开如图 1-28 所示的"Windows 帮助和支持"程序窗口。

图 1-28 "Windows 帮助和支持"程序窗口

提示：如果不确定从哪里开始操作，可以分别单击此窗口内"如何实现计算机入门""了解有关 Windows 基础知识""浏览帮助主题"链接，查看详细的帮助内容。

（2）在图 1-28 所示窗口中的文本框中输入"RSS 源"，按 Enter 键，打开如图 1-29 所示的窗口。此窗口内与"RSS 源"有关的结果有若干条，请从第一条结果开始，分别单击查看相关内容，学习有关"RSS 源"的知识。

图 1-29 关于"RSS 源"的帮助信息

1.2 资源管理器的应用

1.2.1 实验目的

(1) 熟悉 Windows"资源管理器"程序窗口的操作。

(2) 熟悉文件或文件夹的相关操作。

(3) 了解 Windows 磁盘的相关操作。

(4) 熟悉 Windows 的搜索操作。

(5) 了解 Windows 库的常规操作。

1.2.2 实验内容

1. Windows"资源管理器"程序窗口的操作

1) 基本操作

(1) 依次选择 Windows"开始"按钮→"所有程序"→"附件"→"资源管理器",打开如图 1-30 所示的 Windows"资源管理器"程序窗口,其中"内容窗格"中显示的默认位置是"库";在窗口左边的导航窗格中,默认有"收藏夹""库""计算机""网络"等起始位置的链接,单击不同的位置链接,仔细观察地址栏下方的工具栏按钮的变化。

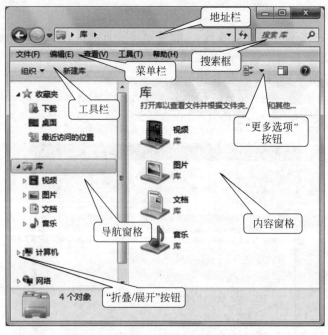

图 1-30 Windows"资源管理器"程序窗口

提示:如果任务栏的"应用程序锁定区"中有默认的 Windows"资源管理器"程序图标,则可以直接单击任务栏中的图标快速打开 Windows"资源管理器"程序;右击任务栏上的"开始"按钮,在打开的右键菜单中单击"打开 Windows 资源管理器"选项,也可以快速打开 Windows"资源管理器"程序。

（2）双击桌面上的"计算机"程序图标，打开 Windows"资源管理器"，此时程序窗口的"内容窗格"显示的默认位置是"计算机"。

（3）右击任务栏中的空白处，在打开的右键菜单中分别选择"层叠窗口""堆叠显示窗口""并排显示窗口"3 个选项，观察 3 个选项不同的桌面显示风格。

（4）单击如图 1-30 所示窗口"工具栏"中的"组织"按钮，打开"组织"下拉菜单，选择其中的"布局"级联菜单，选择级联菜单中的"菜单栏"选项，可以在 Windows"资源管理器"窗口中显示或隐藏"菜单栏"。

（5）再次打开"组织"下拉菜单，选择"布局"级联菜单，单击级联菜单中的"预览窗格"选项，可以在"内容窗格"的右边打开"预览窗格"，用于预览"内容窗格"中选定文件的内容。

（6）单击图 1-30 所示窗口右上方的"更多选项"按钮，在打开的下拉菜单中分别依次选择"超大图标""大图标""中等图标""小图标""列表""详细信息"等选项，观察内容窗格的变化。

2）文件夹选项及搜索设置

（1）单击如图 1-30 所示窗口的"组织"按钮，在打开的下拉菜单中选择"文件夹和搜索选项"，打开"文件夹选项"对话框；单击"常规"选项卡下方的"还原为默认值"按钮。

提示："常规"选项卡中的各个选项用于设置浏览文件夹的风格、打开项目的方式、导航空格的显示方式等，由于不同计算机或不同用户设置的参数会有不同，为了与计算机考试环境相一致，建议在"常规"选项卡中使用默认选项。

（2）单击"文件夹选项"对话框中的"查看"选项卡，打开如图 1-31 所示的"查看"选项卡；单击"重置文件夹"按钮，将正在使用的视图风格恢复到系统默认状态。

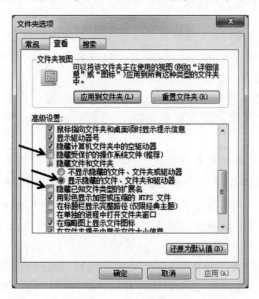

图 1-31 "查看"选项卡

（3）单击图 1-31 所示对话框"还原为默认值"按钮，将"高级设置"列表中的参数恢复到默认值。

（4）拖动"高级设置"列表框中的垂直滚动条到下方，在显示的列表参数中选择"显示隐藏的文件、文件夹和驱动器"单选项,取消选中"隐藏受系统保护的操作系统文件""隐藏已知文件类型的扩展名"复选项前的对钩"√"。

提示:此操作修改的选项并非 Windows 系统的默认选项,之所以要修改,是由于在各种计算机考试中,均可能会出现文件属性或文件扩展名修改的操作题,如果没有修改这些选项,则在应试中将无法正确完成操作。

(5)单击"搜索"按钮,打开"搜索"选项卡,在"搜索内容"组中选择"始终搜索文件名和内容"单选项。单击"确定"按钮,结束"文件夹选项"的设置。

2. 文件或文件夹的操作

1)基本操作

(1)打开如图 1-30 所示的 Windows"资源管理器"程序窗口,在左侧的"导航窗格"中选择"收藏夹"下的"桌面"选项;在右边"内容窗格"空白处右击,在打开的右键菜单中选择"新建"级联菜单,单击级联菜单中的"文件夹"选项;输入新建文件夹的名称 test 后,按Enter 键。

(2)右击上一步建立的文件夹 test 图标,在打开的右键菜单中单击"重命名"选项,重新输入文件夹的名称为 folder,按 Enter 键;双击建立的文件夹 folder 图标,进入 folder 文件夹;分别新建文件夹 folder1 与 folder2。

提示:文件名称的重命名操作与这里的文件夹重命名操作是相同的。

(3)双击 folder1 文件夹图标,进入 folder1 文件夹的内容窗格;在内容窗格的空白处右击,在打开的右键菜单中选择"新建"级联菜单,在级联菜单中单击"文本文档"菜单选项;输入新建文件的名称 text1,按 Enter 键;使用同样的方法在 folder1 文件夹再次新建文本文档text2.txt。

提示:输入文件的名称时,不要删除或修改文件名后显示的文件扩展名.txt;如果新建的文本文档文件没有显示出扩展名.txt,则需要按照前面"文件夹选项及搜索设置"中的第(4)步操作方法,修改"查看"选项卡中的选项。

(4)在 folder1 文件夹的内容窗格中选定前面建立的两个文本文档,右击选定对象,选择右键菜单中的"复制"选项;在内容窗格的空白处右击"粘贴"选项,观察内容窗格中的变化。

提示:多个文件或文件夹对象的选定,可以结合键盘进行操作。若要选定连续的多个文件或文件夹对象,首先单击第一个对象,然后按住键盘的 Shift 键,单击最后一个对象;若要选定不连续的多个文件或文件夹对象时,首先按住键盘 Ctrl 键,然后依次单击不连续的每一个对象;若要选定内容窗格中的所有文件及文件夹,可以使用 Ctrl+A 组合键。

(5)选定 folder1 文件夹中的文本文档 text1.txt 与 text2.txt,在选定的对象上右击,选择右键菜单中的"剪切"选项;在 Windows"资源管理器"程序窗口的"地址栏"中单击 folder文件夹名称后的▶按钮,选择 folder2;在打开的 folder2 文件夹中右击内容窗格中的空白处,选择右键菜单中的"粘贴"选项,观察 folder1 与 folder2 文件夹中文件的变化。

(6)在 Windows"资源管理器"程序窗口的"导航"窗格中双击"计算机"链接,展开"计算机"链接下面的磁盘分区列表;分别依次双击其中的"本地磁盘""用户""hbeu""桌面""folder""folder1",打开 folder1 文件夹的内容窗格,如图 1-32 所示。

提示:hbeu 为当前 Windows 登录时使用的用户名称,不同计算机登录 Windows 时,使

图 1-32 folder1 文件夹

用的用户名可能各不相同,例如在计算机机房中,登录的用户名称一般为 administrator,因此在双击"用户"后,此时接着双击的,应该是 administrator。

(7) 在图 1-32 所示的内容窗格中,使用鼠标拖动"text1-副本.txt"文件到导航窗格中的 folder2 文件夹中,观察 folder1 与 folder2 文件夹中文件的变化。

提示:在同一个磁盘分区中拖动文件或文件夹时,Windows 系统默认执行的操作是"移动",即这里的操作将会把位于 folder1 文件夹中的文件"text1-副本.txt"移动到 folder2 文件夹中。若要将默认的移动操作改变为复制,则需要在鼠标拖动过程中按住 Ctrl 键;如果是在两个不同的磁盘分区之间进行鼠标拖动,则 Windows 系统默认执行的操作是"复制",若要将默认的复制操作改变为移动,则需要在鼠标拖动过程中按住 Shift 键。

(8) 选定 folder1 文件夹中的"text2-副本.txt"文件,右击其图标,在打开的右键菜单中选择"删除"选项;在弹出的"删除文件"对话框中单击"是"按钮完成删除操作。

(9) 双击桌面上的"回收站"图标,打开"回收站";上一步删除的文件"text2-副本.txt"将出现在"回收站"内容窗格中,右击其文件图标,选择右键菜单中的"还原"选项,观察"回收站"内容窗格及 folder1 文件夹中文件的变化。

(10) 再次选定 folder1 文件夹中的"text2-副本.txt"文件,右击图标打开右键菜单,按住 Shift 键,再选择"删除"选项;在弹出的"删除文件"对话框中,单击"是"按钮完成删除操作。观察"回收站"内容窗格中的内容。

提示:这一步的删除操作也被称为物理删除。无论是对文件还是文件夹,只要执行了物理删除,一般情况下将无法恢复删除的文件或文件夹。因此在实际应用中,一般不建议使用物理删除,而应该使用上一步的删除操作,即将文件或文件夹删除到"回收站"的操作,这种操作也被称为逻辑删除。

2) 属性的操作

(1) 选定 folder2 文件夹中的文件 text1.txt 后,右击此文件的图标,选择右键菜单中的

"属性"选项,打开如图 1-33 所示的文件"属性"对话框;选中对话框下方的"只读"与"隐藏"复选项,单击"应用"按钮。观察 folder2 文件夹中的文件 text1.txt 图标的变化。

图 1-33   文件的"属性"对话框

提示:文件或文件夹被设置为"隐藏"属性后,其图标将自动变为浅灰色。

(2) 双击 folder2 文件夹中的文件 text1.txt,打开"记事本"程序;在"记事本"程序窗口中输入任意文本信息,选择"文件"菜单→"保存"按钮;此时"记事本"程序将自动弹出"另存为"对话框,当选择 text1.txt 文件名进行保存时,系统将给出警告信息,拒绝以 text1.txt 文件名进行保存操作。

提示:文件被设置为"只读"属性后,其内容将不能被修改。若要修改只读文件的内容,则必须先删除其"只读"属性。

(3) 单击图 1-33 所示窗口中的"高级"按钮,打开"高级属性"对话框,将"文件属性"组中的第一项"可以存档文件"复选项前的对钩取消;单击"确定"按钮结束操作。

提示:"可以存档文件"选项在有的教材中也被称为"存档"或"归档"。当复选项前有对钩时,表明此文件具有"存档"属性,反之则表示没有"存档"属性。

3) 快捷方式的操作

(1) 选定 folder2 文件夹中的文件 text2.txt 后,右击此文件的图标,选择"发送到"级联菜单,单击级联菜单中的"桌面快捷方式",观察桌面上新生成的图标。

提示:在 Windows 系统中,快捷方式图标的左下角均会显示一个指向右上角的小箭头。

(2) 打开 folder2 文件夹,右击其内容窗格的空白处,在打开的右键菜单中选择"新建""快捷方式",打开如图 1-34 所示的"创建快捷方式"对话框。

(3) 选择图 1-34 所示对话框中的"浏览"按钮,在弹出的"浏览文件或文件夹"对话框中,在其导航窗格中依次双击打开"计算机""本地磁盘"、Windows、System32 文件夹,并选

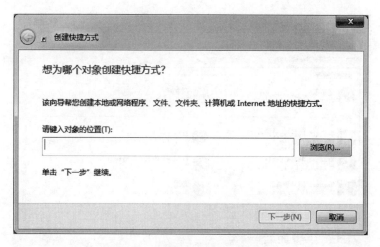

图 1-34　"创建快捷方式"对话框

择 System32 文件夹中的 calc. exe 文件,单击"确定"按钮返回图 1-34 所示的对话框。

　　提示：C:\Windows\System32\calc. exe 是 Windows 系统提供的"计算器"程序文件的完整路径名。文件夹 C:\Windows\System32 中存放有 Windows 系统提供的大多数应用程序文件,建议不要删除此文件夹中的任何文件。

　　(4) 单击图 1-34 所示窗口的"下一步"按钮,在出现的文本框中输入快捷方式的名称为"计算器",单击"完成"按钮完成操作。

　　提示：此时 folder2 文件夹中将出现"计算器"程序的快捷方式图标,通过双击此快捷方式图标可以快速打开"计算器"程序。

　　(5) 打开"开始"菜单→"所有程序"→"附件",按住 Ctrl 键不放,使用鼠标将"附件"中的"计算器"程序图标拖动到 folder2 文件夹中。观察此时 folder2 文件夹中两个"计算器"程序的快捷方式的区别。

　　4) 打开方式的操作

　　(1) 右击 folder2 文件夹中的文件 text2. txt,选择右键菜单中的级联菜单"打开方式",单击级联菜单中的"选择默认程序"菜单选项,打开如图 1-35 所示的"打开方式"对话框。

　　(2) 选择图 1-35 所示窗口的中"写字板"图标,选中下方的"始终使用选择的程序打开这种文件"复选项,单击"确定"按钮完成设置。此时 Windows 系统将自动使用"写字板"程序打开 text2. txt 文件。

　　(3) 双击 folder2 文件夹中的文件 text1. txt,Windows 系统将自动使用"写字板"程序打开 text1. txt 文件。

　　(4) 将 folder2 文件夹中的文件"text1-副本. txt"重命名为"text1-副本. xxx",在出现的"重命名"对话框中,单击"是"按钮完成重命名操作;观察文件"text1-副本. xxx"图标的变化。

　　(5) 双击 folder2 文件夹中的文件"text1-副本. xxx",此时 Windows 系统将弹出如图 1-36 所示的 Windows 提示框。选择对话框中的"从已安装程序列表中选择程序"单选项,单击"确定"按钮,将弹出如图 1-35 所示的"打开方式"对话框;在"打开方式"对话框中选择"写字板"图标,选中下方的"始终使用选择的程序打开这种文件"复选项,单击"确定"按钮完成设置。

大学计算机基础实验教程

图 1-35 "打开方式"对话框

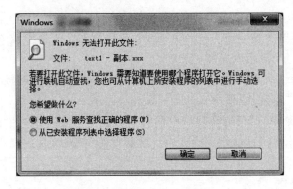

图 1-36 Windows 提示框

3. Windows 磁盘的相关操作

1) 磁盘的查看及设置等操作

（1）双击桌面上的"计算机"程序图标，打开 Windows"资源管理器"程序窗口；右击内容窗格中的"本地磁盘(C:)"，选择右键菜单中的"属性"选项，打开如图 1-37 所示的"本地磁盘(C:)属性"对话框。

提示：如果桌面上没有"计算机"程序图标，则可以打开 Windows"开始"菜单，右击"开始"菜单中的"计算机"程序图标，单击右键菜单中的"在桌面上显示"选项，在桌面上将显示出"计算机"程序图标。

（2）单击图 1-37 所示对话框中的"磁盘清理"按钮，弹出"(C:)的磁盘清理"对话框，如图 1-38 所示。在此对话框的"要删除的文件"列表中选择需要删除的复选项，然后单击"确定"按钮进行清理操作。

提示：当磁盘剩余空间不足时，就需要进行磁盘的清理操作。经常需要删除的是"Internet 临时文件"与"临时文件"两项内容，其他选项可以根据需要进行删除；如果磁盘空间仍然不足,则可以单击图 1-38 所示对话框中的"清理系统文件"按钮,释放不需要的系统文件所占用的空间。

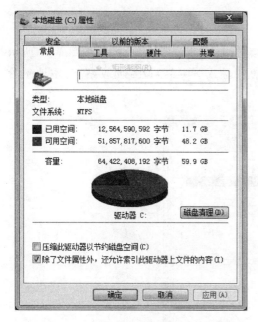

图 1-37　"本地磁盘(C:)属性"对话框

图 1-38　"(C:)的磁盘清理"对话框

(3) 单击图 1-37 所示对话框中的"工具"选项卡,打开如图 1-39 所示的对话框;分别单击图中的"开始检查""立即进行碎片整理""开始备份"按钮,并根据提示信息分别完成Windows 驱动器的错误检查、磁盘文件的碎片整理和驱动器文件的备份操作。

(4) 打开 Windows"资源管理器"程序窗口,右击其内容窗格中的"本地磁盘(D:)",在右键菜单中选择"格式化"选项。可以打开如图 1-40 所示的"格式化"对话框;选中图 1-40所示界面中的"快速格式化"复选项,然后单击"开始"按钮可以开始格式化操作。

图 1-39　"磁盘清理"的"工具"选项卡

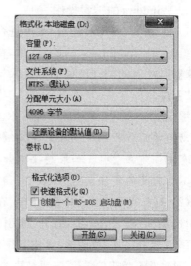

图 1-40　"格式化"对话框

提示：磁盘的格式化操作将对磁盘上所有的数据进行清除，因此一旦开始了格式化操作，选定磁盘的数据将无法恢复，此操作在自己的计算机上慎用。实验机房如果安装有硬盘保护系统，则可以执行此操作。

2）回收站的操作

（1）右击桌面上的"回收站"图标，选择右键菜单中的"属性"选项，打开如图 1-41 所示的"回收站 属性"对话框；在"最大值"后的文本框中输入"2048"，设置回收站在"本地磁盘（C：）"中占用的磁盘空间大小为 2048MB。

图 1-41　"回收站 属性"对话框

（2）在"回收站位置"中选择"本地磁盘（C：）"选项，在"选定位置的设置"组中，单击"不将文件移到回收站中。移除文件后立即将其删除。"单选项，最后单击"确定"按钮结束操作。

提示：为了数据的安全与可靠，一般情况下，"回收站 属性"对话框中的参数只建议修改其"最大值"参数，不建议修改其他参数。

（3）到 C 盘与 D 盘上分别进行文件或文件夹的删除操作，并观察"回收站"的变化。

4. Windows 的搜索操作

1）使用 Windows"开始"菜单进行搜索

（1）打开 Windows"开始"菜单，在"开始"菜单下方的"搜索程序和文件"文本框中输入"计算器"，此时的"开始"菜单将显示与"计算器"有关的信息；按 Enter 键可以直接打开"计算器"程序。

提示："开始"菜单的搜索结果仅显示已建立索引的文件。一般情况下，Windows 系统会自动为常用程序以及个人文件夹（包括"文档""图片""音乐""桌面"以及其他常见位置）中的所有文件建立索引。如果想要搜索的文件没有建立索引（例如文件在 D 盘），则此操作将搜索不到需要的文件。

（2）打开 Windows"开始"菜单，在"开始"菜单下方的"搜索程序和文件"文本框中输入"索引选项"后按 Enter 键，打开"索引选项"对话框；单击"索引选项"对话框中的"修改"按钮，打开"索引位置"对话框，选中其中的"本地磁盘（D：）"选项，单击"确定"按钮返回"索引选项"对话框；单击"关闭"按钮结束添加索引操作。

（3）打开 Windows"开始"菜单，在"开始"菜单下方的"搜索程序和文件"文本框中输入
＊.txt，此时的"开始"菜单将显示建立了索引的所有扩展名为.txt 的文件（包括 D 盘）。

提示："＊"为通配符，代表任意一串字符。另一个通配符为"？"，代表任意一个字符。

（4）使用"开始"菜单搜索文件名以字符 t 开始、扩展名的第二个字符为 x 的所有文件。

提示：在"搜索程序和文件"文本框中输入 t＊.？x？，如图 1-42 所示。

图 1-42　使用通配符的搜索

2）使用 Windows"资源管理器"进行搜索

打开如图 1-30 所示的 Windows"资源管理器"程序窗口，在导航窗格中选择"收藏夹"下
的"桌面"，在"搜索框"中输入"修改日期：＞2018/8/1 AND 修改日期：＜2018/8/31 OR 大
小：＜100K"。此操作将搜索桌面中所有修改日期在指定范围内或者文件大小小于 100KB
的文件，如图 1-43 所示。单击工具栏中的"保存搜索"按钮，可以将当前搜索保存到指定位
置，方便再次进行搜索操作。

图 1-43　使用运算符进行的搜索

提示：Windows"开始"菜单适合搜索简单的搜索，复杂的搜索建议使用 Windows"资源管理器"的"搜索框"操作。"搜索框"中的搜索条件可以使用一些运算符以组合出需要的条件，可以使搜索效率更高。常用的运算符 AND 表示并且、OR 表示或者、NOT 表示非，还可以使用"空格"">""<"等，注意运算符中的字母必须大写。

5. 库的操作

1）新建库

（1）打开 Windows"资源管理器"窗口，右击导航窗格中的"库"，打开右键快捷菜单；选择"新建"级联菜单，单击其中的"库"选项；输入新建库的名称为"系统文件"后按 Enter 键。

（2）在 Windows"资源管理器"窗口的导航窗格中，右击上一步新建的"系统文件"库，选择"属性"选项打开"属性"对话框，如图 1-44 所示；单击图 1-44 所示界面中的"包含文件夹"按钮，打开选择对话框；在对话框的导航窗格中依次双击"计算机""本地磁盘"、Windows、System32，最后单击"包括文件夹"按钮返回上一级对话框；单击"确定"按钮结束操作。观察图 1-44 所示窗口中"系统文件"库的内容窗格变化。

图 1-44　库的属性对话框

提示：一个库可以通过此操作添加多个位置不同的文件夹，通过图 1-44 中的"删除"按钮，也可以将不再需要包含的文件夹从"库位置"列表中删除。在"库"属性对话框中进行的这种删除并不会真正删除文件或文件夹。

（3）在 Windows"资源管理器"窗口的导航窗格中右击"图片"库，选择"属性"选项打开其"属性"对话框；单击"包含文件夹"按钮，将当前"桌面"文件夹包含到图 1-44 所示的"库位置"列表中，单击"设置保存位置"按钮，可以将选定的"桌面"文件夹作为"图片"库默认的保存位置。

提示：在选定的任意文件夹图标上右击，在打开的右键菜单中使用"包含到库中"级联菜单也可以实现"包含文件夹"按钮的功能。

2）删除库

在 Windows"资源管理器"窗口的导航窗格中右击"视频"库,选择"删除"选项,可以完成"视频"库的删除操作。

提示：任何库的删除都不会影响其原来包含文件夹中的任何文件；右击导航窗格中的"库",选择"还原默认库"选项,可以恢复被删除的系统默认库。

1.3　控制面板的使用

1.3.1　实验目的

(1) 熟悉"控制面板"程序窗口的操作。
(2) 了解硬件的相关操作。
(3) 熟悉软件的相关操作。
(4) 熟悉控制面板中的常用操作。
(5) 了解任务管理器的使用。

1.3.2　实验内容

1."控制面板"程序窗口的操作

1）打开及查找操作

(1) 打开 Windows"开始"菜单,选择"控制面板"图标,打开如图 1-45 所示的程序窗口；单击窗口右侧的"查看方式"下拉菜单,分别选择"类别""大图标""小图标",并观察窗口内的变化。

图 1-45　"控制面板"程序窗口

提示：对于初学者而言,"类别"查看方式更方便进行 Windows 功能的查找。如果对 Windows 系统设置非常熟悉,则可以使用大、小图标的查看方式。

(2) 在图 1-45 所示窗口的"搜索框"中输入"分辨率",可以快速找到"调整桌面分辨率"程序的链接。

2) 特殊的"控制面板"程序窗口

右击"桌面"的空白处,依次选择右键菜单中的"新建""文件夹"选项,输入文件夹的名称: hbeu.{ED7BA470-8E54-465E-825C-99712043E01C},然后按 Enter 键; 双击"桌面"上新建的这个文件夹,将打开如图 1-46 所示的窗口,仔细观察可以发现:此窗口所包含的系统程序远远多于"控制面板",适合对计算机有深入应用需求的用户使用。

图 1-46　特殊的文件夹窗口

提示: 文件夹名称中的"."必须是英文字符,"."前的字符可以随意指定; 此文件夹窗口中包含 Windows 系统的所有程序,当在"控制面板"窗口中查找不到所需要的程序时,可以通过这个窗口快速打开需要的程序。

2. 硬件的相关操作

1) 查看计算机安装的硬件

(1) 单击图 1-45 所示窗口中的"查看设备和打印机"程序链接,可以打开如图 1-47 所示的"设备和打印机"窗口,通过此窗口可以查看当前计算机安装的主要设备及打印机。

(2) 右击图 1-47 所示窗口中的空白处,选择右键菜单中的"设备管理器"选项,打开"设备管理器"程序窗口,通过此窗口可以查看当前计算机安装的所有设备及其型号。

提示: 右击桌面(或"开始"菜单)中的"计算机"程序图标,选择"设备管理器"选项也可以打开"设备管理器"程序窗口。

2) 添加打印机硬件

(1) 在图 1-47 所示窗口中,单击工具栏上的"添加打印机"按钮,打开"添加打印机"对话框向导; 单击"添加本地打印机"选项后,接着单击"下一步"按钮; "厂商"列表中选择 Canon 选项、"打印机"列表中选择 Canon Inkjet iP100 series 选项,单击"下一步"按钮; 输入打印机的名称为 MyPrinter,单击"下一步"按钮开始打印机驱动程序的安装; 连续单击"下

图1-47 "设备和打印机"窗口

一步""完成"按钮完成打印机的添加操作。观察图1-47所示窗口的变化。

提示：添加打印机的操作需要硬件支持,如果没有真实的打印机连接在计算机上,则此步操作很有可能会以失败结束。添加硬件设备的方式与添加打印机类似,通过单击图1-47所示窗口工具栏中的"添加设备"按钮,可以完成指定设备的添加。目前计算机使用的绝大多数设备均可以实现即插即用(即PnP功能),因此一般不建议使用此方式手动添加设备,如果Windows系统不识别添加的硬件,也可以使用硬件厂商提供的安装软件进行安装。

(2)在图1-47所示窗口的界面中,选定上一步添加的打印机MyPrinter图标,并右击此图标,打开右键菜单后,再选择"删除设备"选项,可以将选定的打印机设备MyPrinter从系统中删除。

3. 软件的相关操作

1) 系统功能软件的相关操作

(1)打开如图1-45所示的"控制面板"程序窗口,单击下方的"程序"链接进入"控制面板\程序"窗口;单击窗口中的"打开或关闭Windows功能"链接,打开如图1-48所示的"Windows功能"窗口。

(2)在如图1-48所示窗口中,选择列表框中相应的复选框(选中需要的系统功能软件,或者清除不需要的系统功能软件)后,单击"确定"按钮可完成系统功能软件的打开或关闭。

提示："Windows功能"窗口提供的功能软件是Windows附加的功能软件,用户可以根据需要进行打开或关闭。即使某个功能软件被关闭,其文件实际上仍然存在于磁盘中,功能软件并不会被真正删除,随时可以再次通过此操作打开。

2) 应用软件的相关操作

(1)打开如图1-45所示的"控制面板"程序窗口,单击下方的"卸载程序"链接,打开如图1-49所示窗口;通过窗口中的垂直滚动条查看计算机已经安装的各种应用软件。

(2)选择图1-49窗口中的程序"搜狗输入法",然后单击"卸载/更改"按钮,完成此软件的卸载操作。

图 1-48 "Windows 功能"窗口

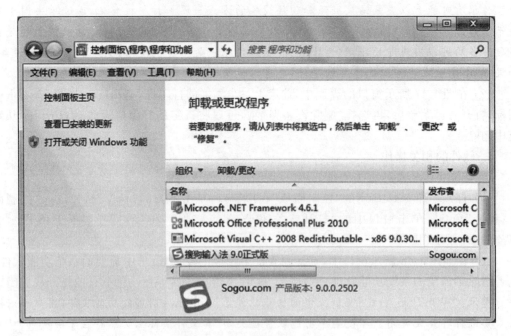

图 1-49 "卸载或更改程序"窗口

提示：软件卸载成功后，必须重新安装才能再次使用，这点与"Windows 功能"的关闭是不同的。大多数应用软件通过此操作可以直接完成软件的卸载功能，但某些程序（例如这里的搜狗输入法）在单击"卸载/更改"按钮后，还将出现更改或修复程序选项。若要更改程序选项，单击"更改"或"修复"；应用软件的卸载操作也可以通过软件自带的卸载程序完成。

（3）根据指导教师提供的"搜狗输入法"软件，进行"搜狗输入法"的安装操作。

提示："搜狗输入法"软件也可以直接到网站 https://pinyin.sogou.com 上下载。

4."控制面板"中的常用操作

1）设置日期与时间

（1）打开如图 1-45 所示的"控制面板"程序窗口，单击其中的"时钟、语言和区域"链接，打开"控制面板\时钟、语言和区域"窗口；单击窗口中的"设置日期和时间"链接，打开如图 1-50 所示的"日期和时间"对话框。

图 1-50 "日期和时间"对话框

（2）单击图 1-50 所示对话框中的"更改日期和时间"按钮，打开"日期和时间设置"对话框；单击对话框左下方的"更改日历设置"链接，打开"区域和语言"及"自定义格式"对话框，其中"自定义格式"对话框如图 1-51 所示；根据个人需要，可以在此对话框中通过"数字""货币""时间""日期"等选项卡设置自己的显示格式。也可以通过单击选项卡右下方的"重置"按钮恢复系统默认的显示格式；修改完成后，连续单击"确定"按钮完成自定义格式的设置。

（3）单击图 1-50 所示对话框中的"更改日期和时间"按钮，打开"日期和时间设置"对话框；手动修改对话框中的日期和时间为"2018 年 8 月 8 日 8 时 8 分 8 秒"，单击"确定"按钮，观察任务栏通知区域中日期与时间的变化。

（4）单击图 1-50 所示对话框中的"更改时区"按钮，手动设置当前计算机所在的时区为"(UTC-05:00)东部时间（美国和加拿大）"，单击"确定"按钮，返回并观察图 1-50 所示对话框中的信息变化；再次单击"更改时区"按钮，将当前时区更改为"(UTC＋08:00)北京，重庆，香港特别行政区，乌鲁木齐"，单击"确定"按钮恢复当前默认的时区。

（5）单击图 1-50 所示对话框中的"附加时钟"选项卡，选中其中的"显示此时钟"复选项；在"选择时区"的下拉列表中选择"(UTC＋05:00)伊斯兰堡 卡拉奇"选项，在"输入显示

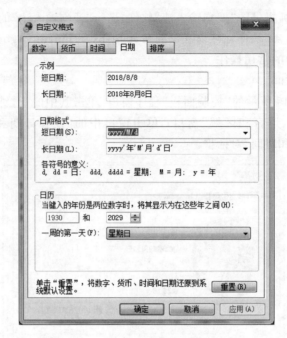

图 1-51 "自定义格式"对话框

名称"下的文本框中输入"巴基斯坦",单击"确定"按钮结束设置;移动鼠标指针指向任务栏通知区域中的"日期与时间",悬停鼠标并观察提示信息的内容。

提示:此时显示的"日期与时间"将包含两个不同的时间信息,一个是本地时间,另一个是附加的巴基斯坦时间。

(6) 单击图 1-50 所示对话框中的"Internet 时间"选项卡,单击其中的"更改设置"按钮,打开如图 1-52 所示的"Internet 时间设置"对话框;在"服务器"后的文本框中输入 ntp1. aliyun.com,单击"立即更新"按钮,并观察任务栏通知区域中日期与时间的变化。

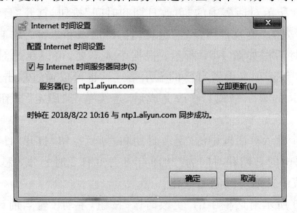

图 1-52 "Internet 时间设置"对话框

提示:域名 ntp1. aliyun. com 是阿里云免费提供的网络时间服务器,也可以将域名中的 ntp1 修改为 ntp2、ntp3 等,Windows 系统默认的网络时间服务器在国内经常无法连接。

2) 用户账户的操作

(1) 打开如图 1-45 所示的"控制面板"程序窗口,单击其中的"添加或删除用户账户"链接，打开如图 1-53 所示的"用户账户"窗口；单击左下方的"创建一个新账户"链接，打开如图 1-54 所示的"创建新账户"窗口；在窗口中的文本框中输入 user1，选择"标准用户"单选项，单击"创建账户"按钮完成新用户的创建操作。

图 1-53　"用户账户"窗口

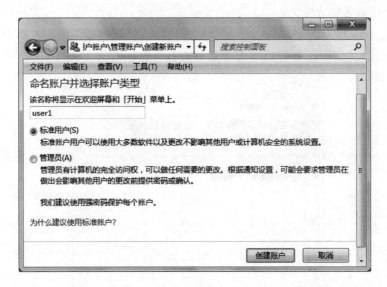

图 1-54　"创建新账户"窗口

　　提示：在创建新的用户账户时，其账户类型一般建议使用"标准用户"类型，此类型的用户一般可以正常使用 Windows 系统的大多数软件；而在创建"管理员"类型的用户账户时，必须认识到"管理员"类型的用户账户对当前计算机拥有完全访问权，可以进行任何需要的系统级修改、设置等操作，因此一个计算机系统原则上建议只指定一个"管理员"类型的用户账户，用于进行系统级的修改、设置等操作；而平时的桌面操作及应用，则应该使用"标准用户"类型的账户进行。

（2）打开如图 1-53 所示"用户账户"窗口，单击新用户 user1 的图标，打开如图 1-55 所示的"更改账户"窗口；在此窗口中，单击"更改账户名称"链接可以修改用户的名称为 user2，单击"创建密码"链接可以为此用户设置新密码，单击"更改账户类型"链接设置此用户为"管理员"类型，单击"删除用户"链接完成此用户的删除操作。

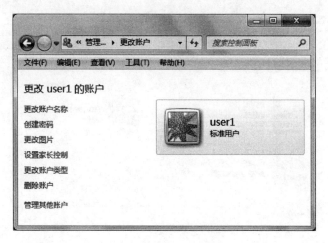

图 1-55　"更改账户"窗口

5. 任务管理器的使用

1）打开"任务管理器"

打开如图 1-45 所示的"控制面板"程序窗口，在窗口的"搜索"框中输入"任务管理器"，单击窗口中显示的"使用任务管理器查看运行进程"链接，打开如图 1-56 所示的"Windows 任务管理器"窗口。

图 1-56　"Windows 任务管理器"窗口

　　提示：在任务栏空白处右击，选择右键菜单中的"启动任务管理器"选项可以直接打开"Windows 任务管理器"程序；或者使用 Ctrl＋Alt＋Del 组合键，在弹出的界面中单击"启动任务管理器"按钮,但这种方法容易造成误操作,尤其不建议在计算机等级考试过程中使用。

2）结束指定的应用程序

单击图 1-56 所示窗口中的"应用程序"选项卡,可以查看到当前桌面上打开的所有应用程序名称及其状态;选定图 1-56 所示界面中的"任务管理器-控制面板"选项,单击下方的"结束任务"按钮,强制关闭在第(1)步中打开的"控制面板"程序。

提示:使用"结束任务"按钮关闭某程序后,此程序使用的数据有可能出现未保存而丢失现象,因此一般不建议使用此操作来关闭程序;只有当桌面上运行的某个应用程序的状态出现"未响应"时,才建议使用此操作方法强制关闭。

3）查看进程的 PID 与线程数

单击图 1-56 所示窗口中的"进程"选项卡,可以查看当前计算机运行的主要进程及其相关信息,单击下方的"显示所有用户的进程"按钮,可以在窗口列表中查看当前计算机运行的所有进程及其相关信息;打开"Windows 任务管理器"窗口的"查看"菜单,单击菜单中的"选择列"选项,在打开的对话框中,选中其中的 PID 与"线程数"两个复选项后,单击"确定"按钮结束设置,并观察"进程"选项卡中显示信息的变化。

提示:此时在"进程"选项卡的列表区中,显示的信息将增加两列内容:PID 与线程数,其中的 PID 是 Windows 系统为每一个进程动态分配的数字标识,也称为进程标识符,不同进程包含的线程个数也是不同的。

4）结束指定的进程

打开"记事本"程序窗口,返回"Windows 任务管理器"窗口。在"进程"选项卡中列表区选定 notepad.exe 项,如图 1-57 所示;单击"结束进程"按钮,将刚才打开的"记事本"程序关闭。

图 1-57 "进程"选项卡

提示:一个应用程序可能由多个不同的进程组成,一个进程也可能由多个线程组成。由图 1-57 可知:"记事本"程序只对应一个进程 notepad.exe,但这个进程使用了两个线程;

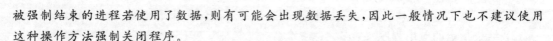

被强制结束的进程若使用了数据,则有可能会出现数据丢失,因此一般情况下也不建议使用这种操作方法强制关闭程序。

　　5) 查看其他信息

　　单击"Windows 任务管理器"窗口中的"服务"选项卡,查看当前计算机运行的服务名称及相关参数;单击"性能"选项卡,查看当前计算机的 CPU 使用率及内存使用情况;单击"联网"选项卡,查看当前网络的使用率及线路速度;单击"用户"选项卡,查看当前计算机登录的用户名称及相关状态。

第2章 计算机网络

本章实验目标：熟练掌握 Internet Explorer 浏览器与 Outlook 电子邮件的基本应用，了解网络资源共享的常规操作过程。

2.1 浏览器与电子邮件的应用

2.1.1 实验目的

(1) 熟练掌握 Internet Explorer 浏览器的应用。

(2) 了解 Microsoft Outlook 的电子邮件应用。

2.1.2 实验内容

1. Internet Explorer 浏览器的应用

1) 基本操作

(1) 单击任务栏"应用程序锁定区"中的 Internet Explorer 图标，打开如图 2-1 所示 Internet Explorer 程序窗口；在地址栏中输入网站域名 hbeu. cn 并按 Enter 键，浏览网站内容；单击图 2-1 界面中的"查看"按钮，打开下拉列表；单击列表右上方的"添加到收藏夹"按钮，在弹出的对话框中单击"完成"按钮结束添加操作。

提示：任务栏中若没有 Internet Explorer 程序的图标，可在"开始"菜单→"所有程序"中查找；为了表述方便，将 Internet Explorer 简称为 IE。目前在 Windows 7 操作系统中，IE 浏览器的最高版本为 11.0，但是 IE 11.0 下的子版本众多，不同子版本的浏览器界面略有不同，本章实验使用的浏览器版本为"11.0.9600.17843IS"；可以通过单击图 2-1 所示界面中的"工具"按钮，选择其中的"关于 Internet Explorer"选项查看当前 IE 浏览器的版本号。

(2) 右击图 2-1 所示窗口的标题栏，并分别选中右键菜单中的"菜单栏""收藏夹栏""命令栏""状态栏"等复选项，打开 IE 浏览器全部的工具栏。单击图 2-1 所示界面中的"新建选项卡"按钮，打开新的选项卡；在新建选项卡的地址栏中输入网站域名 baidu. com 后按 Enter 键，此时 IE 浏览器窗口如图 2-2 所示。单击"收藏夹栏"中的"添加"按钮，将当前百度网站添加到"收藏夹栏"中。此时"收藏夹栏"中将显示百度网站的链接按钮。

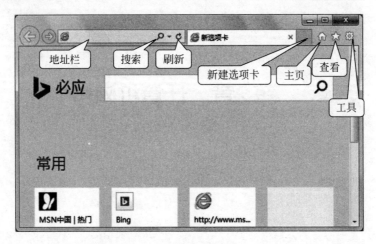

图 2-1　IE 浏览器

图 2-2　添加各种工具栏后的 IE 浏览器

提示：建议使用图 2-1 中的"查看"按钮或"工具"按钮执行相关功能的操作，当打开过多的工具栏时，这些工具栏会占用 IE 浏览器窗口中网页的页面显示空间。

（3）选择图 2-2 所示"菜单栏"中的"收藏夹"菜单，打开"收藏夹"菜单；单击其中的"湖北工程学院"菜单项，打开"湖北工程学院"网站；单击"收藏夹栏"中的"百度一下"链接按钮，打开"百度"网站。

提示：将网站添加到"收藏夹"后，需要在"收藏夹"菜单中打开网站；将网站添加到"收藏夹栏"后，可以直接单击"收藏夹栏"中的网站图标打开网站。

（4）单击 IE 浏览器窗口中的"工具"按钮，打开"工具"下拉菜单。选择"兼容性视图设置"选项，在打开的对话框中单击"添加"按钮，将当前打开的网站添加到兼容性视图列表中。

提示：如果 IE 浏览器识别出网站的网页与当前浏览器不兼容，无法正常显示内容时，则会在地址栏上看到"兼容性视图"按钮，而通过将网站添加到兼容性视图列表的操作，可以解决这类兼容性问题。但并非所有不能正常显示网页的问题都是由浏览器不兼容造成的，例如网络的连接不畅、页面下载的流量过大或网页制作的代码错误等都会影响到网页的正常显示。由于百度网站的网页与当前浏览器兼容，因此在图 2-2 中看不到"兼容性视图"按钮。

（5）在 IE 浏览器的地址栏中输入域名 sky.hbeu.cn 后按 Enter 键，打开网站页面后，通过观察可以发现页面顶端有一个动态显示的图像（实际上是 Flash 动画）；单击 IE 浏览器的"工具"按钮，打开"工具"下拉菜单，选择菜单中的"管理加载项"选项，打开如图 2-3 所示的"管理加载项"窗口；在窗口左边的列表中选定"工具栏和扩展"项，在窗口右边的列表中选定 Shockwave Flash Object 项，并在其选项上右击，打开如图 2-3 所示的右键菜单，选择右键菜单中的"禁用"选项。关闭"管理加载项"窗口，并单击 IE 浏览器地址栏后的"刷新"按钮，将刚才打开的网站重新打开。观察刚才动态显示的图像区域，可以发现图像区域左上角会出现一个"⊠"符号，图像也不再动态显示。

图 2-3 "管理加载项"窗口

提示：由 Adobe 公司提供的 Shockwave Flash Object 加载项是 IE 浏览器最为常见的加载项，用于显示动态的 Flash 动画。以前很多网站都在使用 Flash 技术，但是由于 Flash 存在的众多安全问题，Adobe 公司已经宣布计划终结 Flash 浏览器插件的更新，因此现在新的网站很少看到这种技术的应用了。由于 sky.hbeu.cn 网站使用了 Flash 技术，因此在图 2-3 中可以查看到 Shockwave Flash Object 加载项，但是这个网站今后若不再使用 Flash 技术，则在图 2-3 中将看不到 Shockwave Flash Object 加载项。

（6）使用上一步的方法，打开如图 2-3 所示的右键菜单，选择右键菜单中的"启用"选项，恢复 Shockwave Flash Object 加载项在 IE 浏览器中的功能。

2）Internet 选项的设置

（1）单击图 2-1 所示的"工具"按钮，在打开的"工具"下拉菜单中选择"Internet 选项"，打开如图 2-4 所示的"Internet 选项"对话框。在"常规"选项卡中的"主页"文本框中输入

hbeu.cn，单击“确定”按钮完成IE浏览器默认主页的设置。重新打开IE浏览器或单击图2-1中的“主页”按钮时，IE浏览器窗口将自动打开hbeu.cn网站的主页内容。

提示：单击图2-4中的“使用当前页”按钮，可以将当前IE浏览器窗口显示的网页作为IE浏览器的默认主页；单击图2-4中的“使用默认值”按钮，将使用Windows系统默认的网址参数；如果不希望在启动IE浏览器时打开任何主页，则可单击图2-4中的“使用新选项卡”按钮。

(2) 单击图2-4所示对话框中的“设置”按钮，打开如图2-5所示的“网站数据设置”对话框；将Internet临时文件使用的磁盘空间由250MB修改为500MB；单击图2-5所示界面中的“移动文件夹”按钮，更改Internet临时文件存储的位置；单击“查看对象”按钮查看IE浏览器下载的系统程序；单击“查看文件”按钮查看IE浏览器打开过的Internet临时文件。

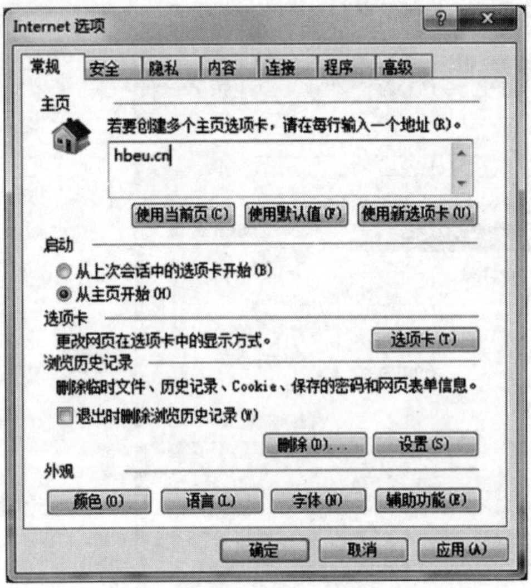

图2-4 “Internet选项”对话框

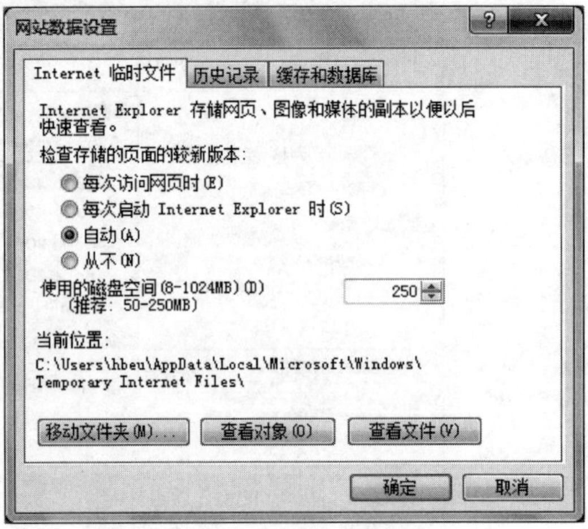

图2-5 “网站数据设置”对话框

提示：在图2-5对话框中，“当前位置”下显示的绝对路径是“Internet临时文件”在计算机磁盘上的存储位置。

(3) 单击图2-5对话框中的“历史记录”选项卡，设置在历史记录中保存网页的天数为30天；连续单击“确定”按钮结束设置，返回IE浏览器窗口。单击图2-1所示界面中的“查看”按钮，打开“查看”下拉菜单，单击其中的“历史记录”选项卡，浏览近期打开过的网站信息，如图2-6所示。

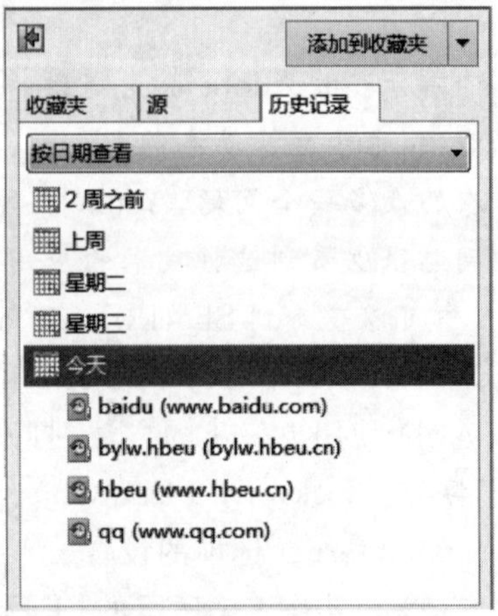

图2-6 “历史记录”列表

(4) 单击图2-4所示界面中的“安全”选项卡，在“安全”选项卡中单击“将所有区域重置为默认级别”。

提示：为了在浏览Internet时更安全些，建议将“安全”选项卡显示的4个区域全部设置为默认级别，一般不建议使用“安全”选项卡中的“自定义级别”按钮更改系统的默认参数。

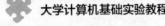

（5）选择图 2-4 所示界面中的"高级"选项卡，单击此选项卡中的"重置"按钮，在打开的对话框中继续单击"重置"按钮，将 IE 浏览器的所有设置参数恢复为系统的默认值。

3）浏览网页的操作

（1）打开 IE 浏览器程序窗口，浏览 hbeu.cn 网站内容。单击 IE 浏览器的"工具"按钮，在打开的下拉菜单中选择"文件""另存为"选项，打开如图 2-7 所示的"保存网页"对话框；选择保存位置为"桌面"、文件名为 page、保存类型为"Web 档案，单个文件"，并单击"保存"按钮完成操作；双击桌面上保存的 page.mht 文件，观察 IE 浏览器窗口的内容。

图 2-7　"保存网页"对话框

提示："保存类型"下拉列表还有"网页，全部""网页，仅 HTML""文本文件"3 个选项。以不同的保存类型分别保存当前网页，并分别打开、查看它们之间的区别。

（2）打开 IE 浏览器程序窗口，浏览 hbeu.cn 网站内容。右击网页中的校徽图片，选择右键菜单中的"图片另存为"选项，在打开的对话框中选择保存位置为"图片库"、文件名为 logo，单击"保存"按钮完成操作。

（3）单击 IE 浏览器窗口中的"查看"按钮，在打开如图 2-6 所示的"查看"下拉菜单，单击"添加到收藏夹"按钮后的▼符号，打开下拉菜单。选择其中的"导入和导出"菜单选项，打开对话框向导。选择"导出到文件"单选项，单击"下一步"按钮；选中"收藏夹"复选项，单击"下一步"按钮。选择"收藏夹"位置，单击"下一步"按钮；单击"浏览"按钮，指定保存位置为"桌面"、文件名为 bookmark，单击"保存"按钮返回。单击对话框中的"导出"按钮完成收藏夹的导出操作。

提示：将桌面上的 bookmark.htm 文件复制到其他计算机上，并通过"导入和导出"选项，可以将当前计算机保存的收藏夹内容导入到其他计算机的 IE 浏览器中。

4）搜索网页

（1）使用 IE 浏览器打开 baidu.com 网站，并在"搜索"文本框中输入 iphone 进行搜索。

单击图 2-1 所示的"新建选项卡"按钮,在新的选项卡中打开 bing.com 网站,单击页面中的"国内"选项卡,在"搜索"文本框中输入 iphone 进行搜索。同样单击 IE 浏览器中的"新建选项卡"按钮,在新的选项卡中打开 bing.com 网站,单击页面中的"国际"选项卡,再次在"搜索"文本框中输入 iphone 进行搜索。观察上述 3 个不同搜索结果的区别。

提示:不同搜索网站使用的搜索算法各不相同,因此在一个搜索网站上搜索不到需要的信息时,建议使用另一个搜索网站进行尝试。目前国内常用的搜索网站有 baidu.com、bing.com、so.com 等,国外的搜索网站 google.com 目前在国内无法访问。

(2) 使用 IE 浏览器打开 baidu.com 网站,并在搜索文本框中输入"人工智能"进行搜索;单击 IE 浏览器中的"新建选项卡"按钮,在新的选项卡中打开 xueshu.baidu.com 网站再次搜索"人工智能";观察两次搜索结果的区别。

提示:xueshu.baidu.com 是百度提供的学术搜索网站,可以搜索各类期刊论文等学术文档;bing.com、google.com 等其他搜索网站一般均提供专门的学术搜索功能。当一个网站搜索不到需要的期刊论文时,可以在其他学术搜索网站上进行尝试。多数大学的图书馆同样会提供专业的学术文档搜索服务,例如湖北工程学院的学生,可以打开 lib.hbeu.cn 网站进行图书、期刊等学术文档的专业搜索。

(3) 在 IE 浏览器中打开 www.microsoft.com/zh-cn/iegallery 网站,如图 2-8 所示;单击"360 搜索"下方显示的"添加至 Internet Explorer"链接。在打开的对话框中单击"添加"按钮完成搜索程序的添加操作。使用同样方法,将"百度"添加到搜索程序中。

图 2-8　添加加载项到 IE 浏览器

(4) 使用在第 1)步中介绍的操作方法,打开如图 2-3 所示的"管理加载项"窗口。在其界面的左边列表中选定"提供搜索程序"项,如图 2-9 所示;在右边的列表中选定上一步添加的"360 搜索"项,单击下方的"设为默认"按钮将 360 搜索作为 IE 浏览器默认的搜索网站。选定 Bing 项,单击"删除"按钮删除 Bing 搜索,最后单击"关闭"按钮结束操作。

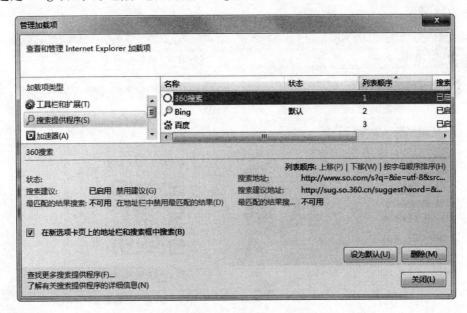

图 2-9 "搜索提供程序"的设置

提示:"搜索提供程序"就是 IE 浏览器使用的搜索网站,当在 IE 浏览器地址栏或搜索框中输入搜索关键字并按 Enter 键后,IE 浏览器将自动调用默认的搜索网站进行搜索。如果"搜索提供程序"列表中存在多个搜索网站选项,则在搜索操作时可以选择使用哪一个搜索网站进行搜索操作。

(5) 在 IE 浏览器中打开新选项卡,并单击如图 2-1 所示的"搜索"按钮,在出现的文本框中输入搜索的关键字(例如 android)后,将出现如图 2-10 所示的搜索列表;若直接按 Enter 键将使用上一步设置的默认搜索"360 搜索"完成关键字的搜索任务,也可以选择最下面的"百度"图标后,再按 Enter 键,此时的搜索任务将由百度完成。

图 2-10 使用 IE 浏览器地址栏的搜索

5) 免费电子邮箱的使用

(1) 在 IE 浏览器的地址栏中输入域名 mail. qq. com 后按 Enter 键,打开如图 2-11 所示的页面内容。在图 2-11 所示的 QQ 邮箱主页中,单击"账号密码登录"链接,登录自己的 QQ

免费邮箱,或者单击窗口下方的"注册新账号"链接,注册自己的免费邮箱;登录成功后的界面如图 2-12 所示。

图 2-11　登录 QQ 邮箱

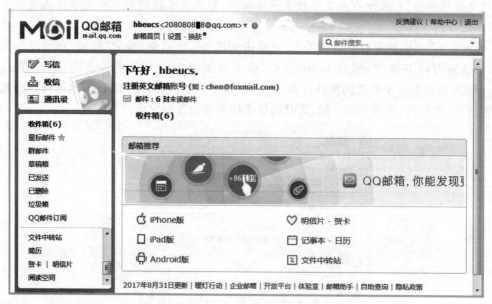

图 2-12　登录成功后的邮箱主界面

提示:如果已有 QQ 号码,则可以直接使用"QQ 号码@qq.com"作为邮箱地址登录 QQ 邮箱;否则需要在其网站上根据提示注册一个新的账号;如果已经在自己的手机上安装有 QQ 软件,则可以通过 QQ 软件提供的"扫一扫"功能,扫描"快速登录"链接下的二维码,可以实现更安全、更快速的登录。

（2）单击图 2-12 所示界面中的"写信"链接，打开如图 2-13 所示界面。向自己的实验指导老师或同学发送一封普通邮件，收件人为其他人的电子邮件地址、主题为自己的学生与姓名、正文不限；单击图 2-12 所示界面中的"收信"链接，可以查看自己的电子邮件内容。

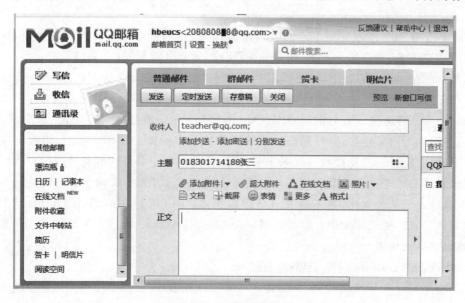

图 2-13　发送普通邮件

提示：如果发送的电子邮件除了有普通文本，还有图片、Office 文档等文件需要一起发送，可以单击正文框上方的"添加附件"链接完成文件的附加操作。

（3）单击图 2-12 所示界面左下方的"文件中转站"链接，打开如图 2-14 所示界面。单击其界面中的"上传"按钮，在打开的对话框中选择需要通过 QQ 邮箱中转的文件。文件上传成功后，在其他计算机上通过单击图 2-14 所示界面中的"下载"链接，可以将中转站中选定的文件下载到本地计算机。如果开通了腾讯的"微云"功能，还可以在选定中转文件后，单击"转存到微云"按钮，将 QQ 邮箱的中转文件存放到微云中。

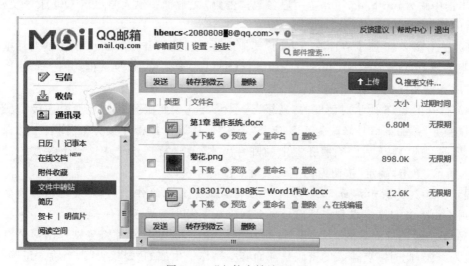

图 2-14　"文件中转站"选项

提示：单击图 2-14 界面中的"上传"按钮时，若 IE 浏览器没有反应，则可能是没有安装 QQ 邮箱的上传控件，或者是在图 2-3 所示的"管理加载项"中禁用了 QQ 的上传控件。解决方法是重新安装上传控件，或在图 2-3 所示的"管理加载项"中启用 QQ 的上传控件。

6）免费电子邮箱的设置

（1）单击图 2-12 所示界面上方的"设置"链接，打开免费电子邮箱的设置界面，选择其中的"账户"选项卡，并在其下方的"账户安全"组中，开启并设置"独立密码"。

提示：在 Microsoft Outlook 等第三方客户端软件中使用 QQ 邮箱前，必须在 QQ 邮件系统中设置"独立密码"，并在激活邮箱 14 天后才可以开启 POP3/SMTP 服务。

（2）在"账户"选项卡下方的"POP3/IMAP/SMTP……服务"组中，单击"POP3/SMTP 服务"服务后的"开启"链接，并按照提示完成服务的开启操作。操作完成后，将收到电子邮箱系统返回的授权码，将此授权码记录下来，在后面的操作中将使用到此授权码。

提示：此操作需要通过 QQ 邮箱绑定的手机号码完成，且每次操作生成的授权码均不相同，如果遗忘了此授权码，将不能在第三方客户端软件（例如 Microsoft Outlook）上进行电子邮箱的登录。若想要重新获得授权码，可以在 QQ 邮箱的"设置"界面中，单击"生成授权码"链接完成此需求。

2. Microsoft Outlook 的电子邮件应用

下面将以 QQ 免费邮箱为例，介绍在 Microsoft Outlook 软件中使用 QQ 免费电子邮箱的方法及步骤。

1）添加电子邮件账户

（1）打开 Microsoft Outlook 2010 程序窗口，并在窗口中打开"文件"选项卡，选择其中的"信息"级联菜单，单击其中的"添加账户"按钮，打开"添加新账户"对话框向导。

（2）在对话框向导中选择"电子邮件账户"单选项，单击"下一步"按钮；选择"手动配置服务器设置或其他服务器类型"单选项，单击"下一步"按钮。再次单击"下一步"按钮，打开如图 2-15 所示对话框；在"您的姓名"文本框中输入名称、"电子邮件地址"文本框中输入自己使用的 QQ 电子邮件地址、"接收邮件服务器"文本框中输入 pop. qq. com，"发送邮件服务器"文本框中输入 smtp. qq. com，"用户名"与"密码"文本框中输入自己的 QQ 账号及密码，操作后的结果如图 2-15 所示。

（3）单击图 2-15 所示界面右下方的"其他设置"按钮，打开如图 2-16 所示的对话框。在"发送服务器"选项卡中选中"我的发送服务器（SMTP）要求验证"复选框，并选择"使用与接收邮件服务器相同的设置"单选项。

（4）打开图 2-16 所示对话框的"高级"选项卡，选中"此服务器要求加密连接"复选框；将"发送服务器"的端口号修改为 465 或 587；在"使用以下加密连接类型"列表中选择 SSL 选项；将下方的"14 天后删除服务器上的邮件副本"复选框取消选中。以上参数的设置如图 2-16 所示，单击"确定"按钮返回上一级对话框向导。

提示：图 2-16 所示界面下方的"14 天后删除服务器上的邮件副本"复选框必须取消选中，否则 Outlook 程序会在指定时间后自动删除服务器上的电子邮件。

（5）单击对话框向导的"下一步"按钮，Microsoft Outlook 软件将分别弹出两个对话框要求输入密码，此时需要输入的密码是前面实验操作中生成的"授权码"。当输入正确的"授权码"后，Microsoft Outlook 2010 程序窗口中将陆续不断接收从 Internet 下载的电子邮件。

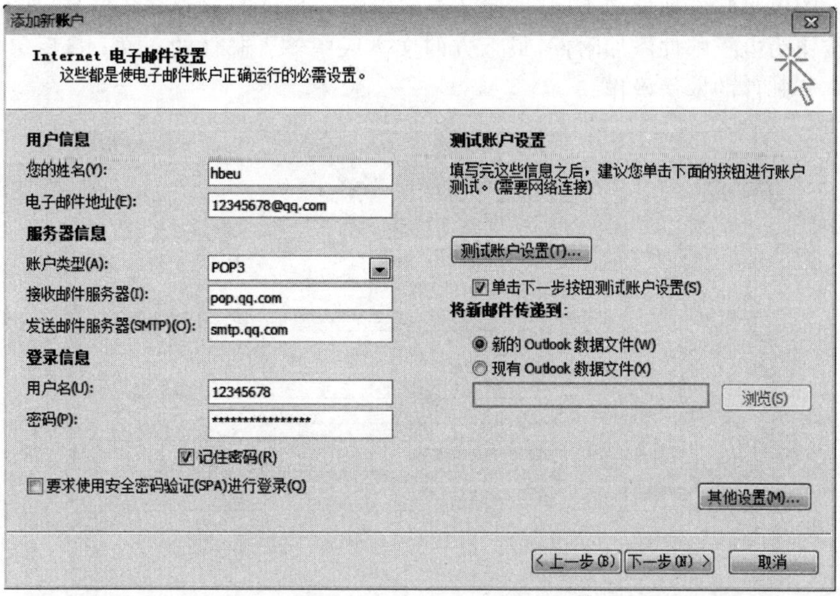

图 2-15 电子邮件设置

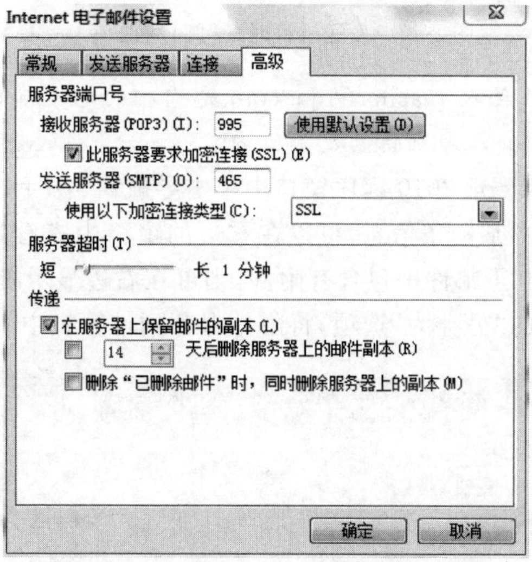

图 2-16 "高级"选项卡

提示：如果不能成功接收到邮件，最有可能的原因是在第（2）步中设置的参数有误，可以打开 Microsoft Outlook 2010 程序窗口"文件"选项卡，在"信息"级联菜单中单击"账户设置"按钮，进行参数的更改。其次可能的原因是 QQ 邮箱设置中没有开启 POP3/SMTP 服务，此服务必须自行登录官方网站进行设置。最后可能的原因是输入的"授权码"错误，需要重新生成授权码。

2）发送、接收邮件及附件

（1）在 Microsoft Outlook 2010 程序窗口中打开"开始"选项卡，单击"新建"组的"新建电子邮件"按钮，打开如图 2-17 所示的新窗口及"邮件"选项卡；在"收件人"后的文本框中输入接收人的电子邮件地址、"主题"后的文本框中输入自己的学号姓名信息,如有需要,单击"附件"按钮为电子邮件添加附件,最下方的文本区中输入邮件的正文;最后单击"发送"按钮完成电子邮件的发送操作。

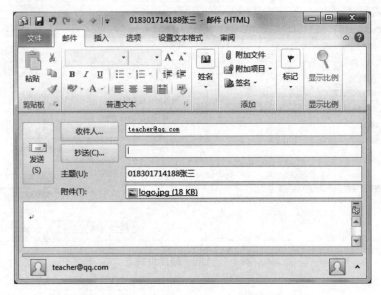

图 2-17 发送邮件时的"邮件"选项卡

提示:图 2-17 中的收件人 teacher@qq.com 是虚构的电子邮件地址,请按照实验指导老师的要求输入正确的收件人地址信息及其他内容。

(2)在 Microsoft Outlook 2010 程序窗口中单击导航窗格中的"收件箱",查看已经接收的电子邮件信息,单击其中某一条信息,可以在右边的窗格中查看到此邮件的详细内容,如图 2-18 所示。若接收的电子邮件中包含有附件,则可在右边显示邮件内容的窗格中右击此附件,并选择右键菜单中的"另存为"选项,将附件保存到计算机中。

图 2-18 查看"收件箱"接收的电子邮件

（3）右击图 2-18 所示窗口中的某一封电子邮件，在右键菜单中选择"答复"选项进行电子邮件的回复操作，选择"转发"选项进行电子邮件的转发操作，选择"删除"选项删除不再需要的电子邮件。

2.2 网络资源的共享

2.2.1 实验目的

（1）掌握网络工具的使用。
（2）熟悉网络共享的应用。

2.2.2 实验内容

1. 网络工具的使用

1）查看并设置网络属性

（1）在 Windows 任务栏的通知区域中，右击其中的"网络"图标，选择"打开网络和共享中心"选项，打开如图 2-19 所示的"网络和共享中心"窗口。单击"访问类型：Internet"下方的"本地连接"链接，打开"本地连接 状态"对话框；单击"详细信息"按钮查看网络连接的详细信息后；单击"关闭"按钮，返回"本地连接 状态"对话框。

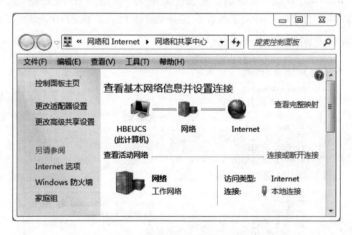

图 2-19 "网络和共享中心"窗口

（2）在"本地连接 状态"对话框中，单击"属性"按钮，打开"本地连接 属性"对话框。在打开的对话框中双击"Internet 协议版本 4"选项，打开如图 2-20 所示的对话框，查看当前计算机配置的 IP 地址参数及 DNS 服务器参数。

提示：图 2-20 显示的"IP 地址"为 192.168.41.123，是当前计算机的 IP 地址。需要注意的是，不同的计算机此处显示的 IP 地址肯定是不同的；DNS 服务器中的 211.85.1.129 与 211.85.1.1 两个地址为湖北工程学院校园网内部提供的 DNS 服务器地址，只能用于校园网内部的计算机。

（3）在图 2-20 所示对话框中修改"备用 DNS 服务器"的 IP 地址为 8.8.8.8，其他 IP 参数不更改。单击"确定"按钮并结束对话框的操作。

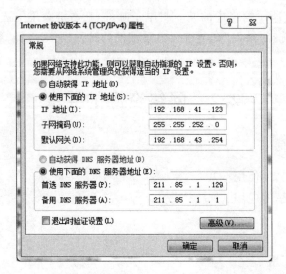

图 2-20 "Internet 协议版本 4(TCP/IPv4)属性"对话框

提示：由于机房安装有计费控制类软件，因此不能更改任何 IP 地址参数，否则将会导致计算机被锁定。IP 地址 8.8.8.8 是 Google 提供的免费 DNS 服务器地址，当本地 DNS 服务器不能提供服务时，可以使用此地址进行域名解析。

（4）打开 Windows"开始"菜单，在"开始"菜单的"搜索程序和文件"文本框中输入 cmd 并按 Enter 键，打开如图 2-21 所示的"命令提示符"窗口；在窗口中输入 ipconfig/all 命令并按 Enter 键，查看当前网络连接的详细信息。

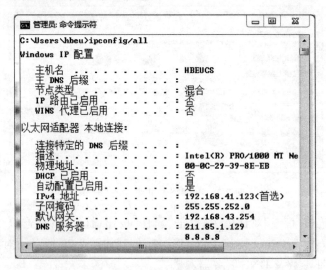

图 2-21 查看网络连接信息

提示：通过输入 ipconfig/？命令可以查看到此命令的其他参数及功能。

2）网络连通性测试

（1）在图 2-21 所示"命令提示符"窗口中，输入 ping 192.168.41.123 命令并按 Enter 键，测试本地网络是否工作正常。测试结果如图 2-22 所示，此结果表明当前网卡工作正常，如果没有出现图 2-22 所示的类似结果，则表示当前网卡工作不正常。

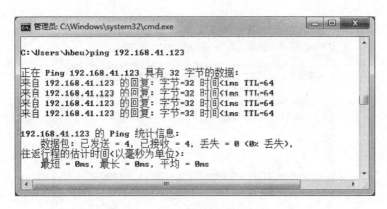

图 2-22 ping 命令测试网络连通性

提示：进行本步操作时，请使用自己的 IP 地址替换 192.168.41.123 参数，因为机房中的每台计算机使用的 IP 地址各不相同。

（2）在"命令提示符"窗口中，接着输入 ping 192.168.43.254 命令并按 Enter 键，如果出现类似图 2-22 所示的结果信息，则表明当前网络内部通信正常；否则就表明当前网络通信出现了问题。

提示：IP 地址 192.168.43.254 是湖北工程学院计算机学院机房的网关地址，不同网络使用的网关各不相同，必须使用图 2-20 或图 2-21 所示的方法自行查看自己的计算机网关地址参数。

（3）在"命令提示符"窗口中，接着输入 ping 211.85.1.129 命令并按 Enter 键，测试当前计算机与 DNS 服务器之间的连通性；如果不能连接，则不能使用 DNS 域名解析功能，需要使用前面介绍的操作方法，更改 DNS 服务器的地址参数。

（4）在"命令提示符"窗口中，接着输入 ping qq.com 命令并按 Enter 键，测试当前计算机与腾讯服务器 qq.com 之间的连通性；如果此时不能连通，则表明互联网连接出现问题。

2. 网络共享的应用

1）网络共享打印机的设置与使用

（1）打开 Windows"开始"菜单，选择其中的"设备和打印机"菜单选项，打开"设备和打印机"窗口；在窗口中右击本地安装的打印机图标 MyPrinter，选择右键菜单中的"打印机属性"选项，打开如图 2-23 所示的"MyPrinter 属性"对话框。

提示：此操作之前需要首先安装本地打印机，本地打印机名称为 MyPrinter。安装的方法参见 1.3.2 节中的"2. 硬件的相关操作"。

（2）打开图 2-23 所示的"共享"选项卡，选中"共享这台打印机"复选项，并在"共享名"文本框中输入共享的名称 MyPrinter，单击"确定"按钮完成本地打印机的网络共享操作。

（3）打开如图 2-19 所示的"网络和共享中心"窗口，单击左边窗格中的"更改高级共享设置"链接，打开如图 2-24 所示的"高级共享设置"；在"家庭或工作"列表的"密码保护的共享"组中，选择"关闭密码保护共享"单选项，然后单击窗口中的"保存修改"按钮。

提示：此步操作的目的是关闭密码保护共享，使其他计算机的用户具备访问本计算机共享资源的权限。在默认情况下，Windows 7 将启用密码保护共享，其他用户必须提供此计算机的账户与密码才可以访问共享资源，因此为了操作的方便，建议关闭密码保护共享。

图 2-23 "MyPrinter 属性"对话框

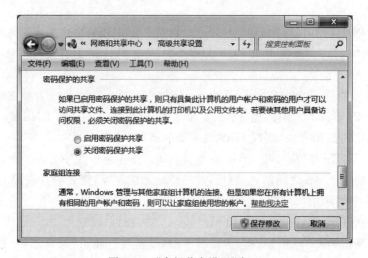

图 2-24 "高级共享设置"窗口

(4) 在另一台计算机(假设是计算机 A)上,打开"设备和打印机"窗口,单击窗口中的"添加打印机"按钮,打开"添加打印机"对话框向导。单击"添加网络、无线或 Bluetooth 打印机"按钮,系统将开始进行打印机的自动搜索操作,直接单击下方的"我需要的打印机不在列表中"按钮;在文本框中输入\\192.168.41.123\MyPrinter 后,单击"下一步"按钮,若出现警告对话框,单击其中的"安装驱动程序"按钮完成安装;依次单击"下一步""完成"按钮结束网络共享打印机的添加。

提示:IP 地址 192.168.41.123 是在第(2)步中设置了共享打印机的计算机 IP 地址,使用自己计算机的 IP 地址替换 192.168.41.123 参数。上述操作成功完成后,在计算机 A 上将可以使用 IP 地址参数为 192.168.41.123 的计算机上设置的共享打印机 MyPrinter。

2) 文件夹的共享操作

(1) 选定需要进行共享的文件夹图标(例如桌面上的 folder 文件夹),右击文件夹图标,选择"共享"级联菜单中的"特定用户"选项,打开如图 2-25 所示的"文件共享"窗口。

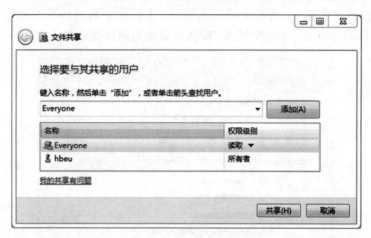

图 2-25　"文件共享"窗口

(2) 在图 2-25 中,单击文本框后的▼按钮打开下拉列表,选择其中的 Everyone 选项后,单击"添加"按钮;在"权限级别"下选择 Everyone 的权限为"读取",最后单击"共享"按钮,打开如图 2-26 所示的窗口,单击"完成"按钮完成共享文件夹的操作。

图 2-26　文件夹共享的信息

提示:图 2-26 窗口中显示的信息是文件夹 folder 的共享地址,\\HBEUCS\Users\hbeu\Desktop\folder,其中的 HBEUCS 为计算机名称、hbeu 为登录的账户名称。使用此地址,可以在其他计算机上通过 Windows 资源管理器的地址栏中打开并使用此共享文件夹中的资源。

(3) 在其他计算机上打开 Windows"资源管理器"程序窗口,在其地址栏中输入上一步共享操作后显示的共享地址,即\\HBEUCS\Users\hbeu\Desktop\folder,就可以打开计算机 HBEUCS 上的共享文件夹。

提示:HBEUCS 为设置共享文件夹的计算机名称,在访问共享文件夹时,也可以使用计算机 HBEUCS 的 IP 地址 192.168.41.123 替代 HBEUCS。

(4) 在其他计算机上打开 Windows"资源管理器"程序窗口,打开"工具"菜单,选择"映射网络驱动器"选项,打开如图 2-27 所示的"映射网络驱动器"对话框;在"驱动器"下拉列表中选择 X：盘符,"文件夹"文本框中输入第(2)步操作中得到的共享地址\\HBEUCS\Users\hbeu\Desktop\folder,单击"完成"按钮结束映射网络驱动器操作。

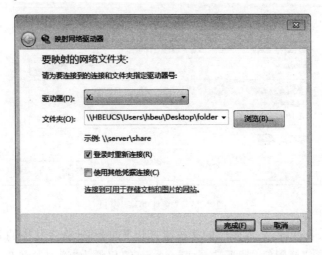

图 2-27　"映射网络驱动器"对话框

提示：此步操作适合需要经常访问共享文件夹的应用场景,完成此操作步骤后,若要访问共享文件夹资源,只需在 Windows"资源管理器"窗口的导航窗格中,单击"计算机"下的X：盘符即可访问所有映射的共享资源。

3. 家庭组的操作

1) 创建家庭组

(1) 打开如图 2-19 所示的"网络和共享中心"窗口,单击"查看活动网络"组下的"工作网络"链接,打开"设置网络位置"窗口,单击其中的"家庭网络"按钮;选中需要共享的库内容后,单击"下一步"按钮,打开如图 2-28 所示的对话框,记录下中间显示的密码后,单击"完成"按钮结束家庭组的创建操作。

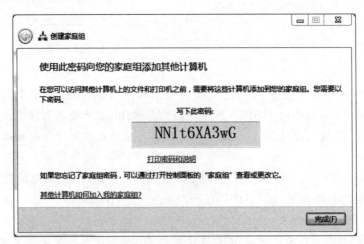

图 2-28　"家庭组"的密码

提示：每次创建家庭组时的密码均会不同,此密码为 Windows 系统随机生成的密码。

（2）打开 Windows"资源管理器"程序窗口，单击导航窗格中的"家庭组"，分别单击内容窗格中显示的"查看家庭组密码""查看家庭组设置"链接，可以查看上一步中显示的家庭组密码或更改家庭组中的有关参数。

2）加入家庭组

（1）在其他计算机上打开如图 2-19 所示的"网络和共享中心"窗口，单击"查看活动网络"组下的"工作网络"链接，打开"设置网络位置"窗口，单击其中的"家庭网络"按钮，选中需要共享的内容后，单击"下一步"按钮。如果此计算机能够找到在第（1）步操作中建立的家庭组，则会立即弹出"加入家庭组"对话框，如图 2-29 所示；在文本框中输入图 2-28 中显示的密码后，单击"下一步"按钮并完成家庭组的加入操作。

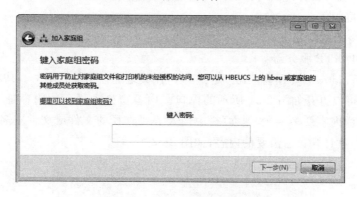

图 2-29 "加入家庭组"对话框

提示：在机房实验时，由于创建家庭组的计算机较多，因此此时加入的家庭组不一定是自己所期望的计算机，此时输入的密码必须是图 2-29 中提示的计算机（如 HBEUCS）上创建的密码；如果不知道密码，可以到图 2-29 中指示的计算机 HBEUCS 上执行前面的操作，查看家庭组的密码。

（2）打开 Windows"资源管理器"程序窗口，单击导航窗格中的"家庭组"，可以查看到如图 2-30 所示的计算机 HBEUCS 在家庭组中共享的库资源。

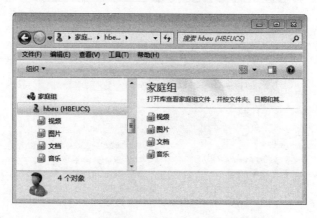

图 2-30 家庭组中其他计算机共享的资源

3）查看家庭组成员

回到计算机 HBEUCS，打开其 Windows"资源管理器"程序窗口，在其"家庭组"的内容窗格中同样会查看到已经加入到家庭组中的其他计算机的共享资源。

4）在家庭组中进行共享操作

将需要共享给其他家庭组成员的文件夹包含到库中（或者创建新库）：打开 Windows "资源管理器"程序窗口，在导航窗格中右击库的名称，选择"共享"级联菜单中的"家庭组（读取）"选项；再到其他加入此家庭组的计算机上访问共享文件夹。

提示：库的操作方法请参看 1.2.2 节中的"5.库的操作"。

5）修改家庭组的设置

若需要更改家庭组的相关设置，可以在导航窗格中右击"家庭组"图标，选择其中的"更改家庭组设置"选项，在打开的对话框中可以进行各种家庭组的操作，例如查看或更改家庭组密码、离开家庭组等。

4. FTP 服务器的使用

1）访问公共 FTP 服务器

（1）打开 Windows"资源管理器"程序窗口，在其地址栏中输入 ftp://192.168.40.100，并按 Enter 键，可以打开如图 2-31 所示的窗口。内容窗格中显示的内容是 FTP 服务器上的文件或文件夹，内容众多。在"搜索"栏中输入需要查找的文件或文件夹名称，例如"计算机基础"，可以快速打开自己需要的内容，如图 2-32 所示。

图 2-31　访问 FTP 服务器

图 2-32　快速查找需要的内容

　　提示：FTP 服务器 192.168.40.100 是湖北工程学院计算机学院为在机房实验的学生创建的公共 FTP 服务器，仅限在湖北工程学院校园网内使用。

　　（2）在图 2-32 所示的内容窗格中，右击查到的文件或文件夹图标，在打开的右键菜单中，选择"复制到文件夹"选项，在弹出的对话框中选择"桌面"，单击"确定"按钮结束复制操作。

　　提示：此时 FTP 服务器上选定的文件或文件夹将被复制到桌面，在桌面上可以直接双击打开这些文件或文件夹。不建议在 FTP 服务器上对文件进行双击打开的操作，所有 FTP 上的文件均应首先通过此步骤下载到本地计算机后，再在本地计算机上双击打开。

　　（3）在本地计算机上复制选定的文件或文件夹后，右击图 2-31 所示内容窗格的空白处，选择右键菜单中的"粘贴"选项，可以将本地计算机上复制的文件或文件夹上传到当前 FTP 服务器指定的位置。

　　提示：FTP 服务器 192.168.40.100 上的文件或文件夹具有公开权限，即任何人均可以搜索、查看、修改或删除其中的文件或文件夹，因此比较重要或隐私的文件不建议上传到此 FTP 服务器，而是应该使用 2.1.2 节中介绍 QQ 免费邮箱时提到的"文件中转站"功能。

　　2）上传作业到 FTP 服务器

　　打开 Windows"资源管理器"程序窗口，在其地址栏中输入 ftp://192.168.40.14，并按 Enter 键，可以看到内容窗格中显示了众多文件夹。打开实验指定的文件夹，如图 2-33 所示；通过"复制""粘贴"操作将本地计算机上完成的实验作业文档上传到指定位置。

图 2-33　FTP 服务器 192.168.40.14

　　提示：FTP 服务器 192.168.40.14 是湖北工程学院计算机学院用于学生提交实验作业的服务器，此 FTP 服务器只能进行文件的上传操作。上传文件或文件夹成功后，将不能进行更名、删除、修改操作。不同老师指定的文件夹位置各不相同，请按实验指导老师的要求打开指定的文件夹后，再完成上传操作。上传文件前，必须将打开的文件正常关闭，否则上传有可能出现错误或失败的结果。

　　5. 远程桌面的连接

　　1）添加用于远程连接的用户账户

　　打开"控制面板"程序窗口，通过其中的"添加或删除用户账户"功能链接创建新的用户账户：用户名为 jkx，密码为 abc。

提示：创建方法参见 1.3.2 节中的"4.控制面板中的常用操作"；为了安全起见，Windows 规定密码为空的用户账户不能进行远程操作，因此进行远程桌面连接的用户账户一定要创建密码。

2）设置计算机允许远程连接

打开"控制面板"程序窗口，在窗口的搜索栏中输入搜索关键字"远程"，在窗口中单击"允许远程访问您的计算机"链接，打开如图 2-34 所示的"系统属性"对话框。选择"允许运行任意版本远程桌面的计算机连接"单选项，单击"选择用户"按钮，在打开的对话框中单击"添加"按钮；在对话框的文本框中输入上一步创建的用户名 jkx 后，连续依次单击对话框中的"确定"按钮完成远程桌面的设置。

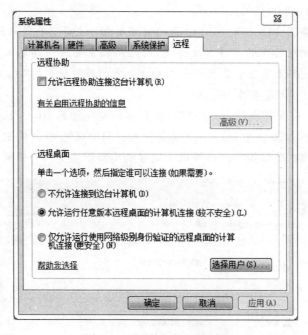

图 2-34 "系统属性"对话框

3）进行远程桌面连接

到其他计算机上打开 Windows"开始"菜单→"所有程序"→"附件"，选择"附件"中的"远程桌面连接"选项，打开"远程桌面连接"对话框。在对话框的文本框中输入需要远程控制的计算机 IP 地址，例如 192.168.41.123。然后单击"连接"按钮，在出现的对话框中单击"使用其他账户"图标，输入第（1）步中创建的用户名 jkx 及密码 abc 后，单击"确定"按钮，弹出相应提示对话框，均回答"是"。最后将出现可以远程控制计算机桌面的窗口。

提示：第一次远程登录的时间较长，请耐心等候；Windows 7 只允许一个用户使用计算机桌面，因此当远程计算机登录成功后，被远程控制的计算机用户将自动退出桌面回到登录界面；在 Windows"开始"菜单中运行 mstsc 命令，也可以打开"远程桌面连接"对话框。

第3章 Word 2010

本章实验目标：熟悉 Word 的运行环境，掌握 Word 的基本操作，掌握 Word 表格的创建、编辑、格式化、计算与排序等基本操作；掌握图文混排的技巧；掌握长文档的排版技巧；学会使用 Word 的邮件合并功能。

3.1 Word 的基本操作

3.1.1 实验目的

(1) 掌握 Word 文档的创建、打开、输入、保存等基本操作。

(2) 掌握文本选定、分段、插入与删除、复制与移动、查找与替换等基本编辑技术。

(3) 掌握字符的格式化操作、段落的格式化操作。

(4) 掌握 Word 表格的创建、编辑、格式化、计算与排序等基本操作。

3.1.2 实验内容

1. 创建 Word 文档

用搜狗拼音输入法或熟悉的输入法输入以下内容，并以 Word1.docx 为文件名保存在指定的位置（例如：Windows 桌面）。

> 目前台式机中硬盘的外形都差不了多少，而要判断一个硬盘的性能好坏只能从其技术指标来判断，其中几个重要的技术指标如下：平均访问时间：是指磁头找到指定数据所用的平均时间，单位为毫秒。主轴转速：是指硬盘内主轴的转动速度，目前 IDE 硬盘的主轴转速主要有 4500rpm、5400rpm 和 7200rpm（转/分钟）等几种规格。外部数据传输速度：是指从硬盘缓冲区读取数据的速率。目前主流硬盘已全部采用 UltraDMA66 技术，外部数据传输速度高达 66MB/s。内部数据传输速度：是指磁头读取数据至硬盘缓存的最大数据传输速度，一般取决于硬盘的盘片转速和盘片的线密度。高速缓存：是指硬盘内部的高速缓存容量。目前 IDE 硬盘的高速缓存容量一般为 512KB 至 2MB（1MB＝2^{10}KB）。

提示：注意字符上标的设置方法：选定需要设为上标的字符，在"开始"选项卡的"字体"组中，单击上标按钮 X^2。

2. 文档的编辑和排版

1）标题的设置

在文本的最前面插入一行标题"硬盘的技术指标"，并将标题设置为红色三号黑体、加粗、居中、字符间距加宽 4 磅，添加黄色底纹，设置段后间距为 1 行，并添加 2.25 磅阴影边框。

（1）将光标定位到文档最前面，按 Enter 键，在新行中输入"硬盘的技术指标"，选定这几个文字。在"开始"选项卡的"字体"组中单击"字体"框右边的下拉按钮，在弹出的字体列表中选择"黑体"；单击"字号"框右边的下拉按钮，在弹出的字号列表中选择"三号"；单击"加粗"按钮使之加粗；单击"字体颜色"下拉按钮，在弹出的颜色列表中选择红色。

（2）在"开始"选项卡的"字体"组中单击右下方的对话框启动按钮，打开"字体"对话框，选择"高级"选项卡，在"字符间距"下，单击"间距"旁边的下拉按钮，在弹出的下拉列表中选择"加宽"，在其对应的"磅值"框中输入或选择"4 磅"，如图 3-1 所示，然后单击"确定"按钮。

图 3-1　设置字符间距

（3）在"开始"选项卡的"段落"组中单击"居中"按钮使之居中，单击"底纹"旁边的下拉按钮，在弹出的颜色列表中选择黄色；单击"段落"组右下方的对话框启动按钮，打开"段落"对话框，选择"缩进和间距"选项卡，在"间距"下的"段后"框中输入或选择"1 行"，然后单击"确定"按钮。

（4）设置阴影边框时，首先选定需要设置边框的文字，在"开始"选项卡的"段落"组中单击"下框线"旁边的下拉按钮，选择"边框和底纹"命令，打开"边框和底纹"对话框。如图3-2所示，选择"边框"选项卡，在"设置"选项组中选择"阴影"，在"样式"下拉列表中选择实线样式，在"宽度"下拉列表中选择2.25磅，在"应用于"下拉列表中选择"文字"，然后单击"确定"按钮。

图3-2 为文字设置阴影边框

2）给文档分段

使"目前台式机中硬盘的外形都差不多……其中几个重要的技术指标如下："""平均访问时间——……单位为毫秒。""主轴转速——……和7200rpm（转/分钟）等几种规格。""外部数据传输速度——……外部数据传输速度高达66MB/s。""内部数据传输速度——……盘片转速和盘片的线密度。""高速缓存——……高速缓存容量一般为512KB～2MB（1MB＝2^{10}KB）。"各为一段。

提示：将光标定位于分段位置，按Enter键可完成文档的分段操作。

3）插入特殊字符

给正文第2～6段段首插入特殊字符"📖"。

提示：光标放在需要插入特殊字符的位置，在"插入"选项卡的"符号"组中单击"符号"按钮，在弹出的下拉列表中选择"其他符号"，弹出如图3-3所示的对话框，选定需要插入的符号，然后单击"插入"按钮。

4）文本替换操作

将文中所有"传输速度"替换为"传输率"。

提示：光标置于文中任意位置，在"开始"选项卡的"编辑"组中单击"替换"按钮，打开"查找和替换"对话框，如图3-4所示。在"查找内容"框中输入"传输速度"，在"替换为"框中输入"传输率"，在"搜索"框中选择"全部"，然后单击"全部替换"按钮即可将文中所有"传输速度"替换为"传输率"。

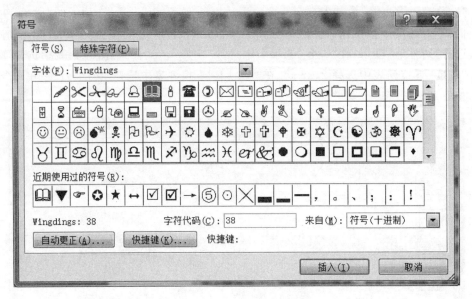

图 3-3 "符号"对话框

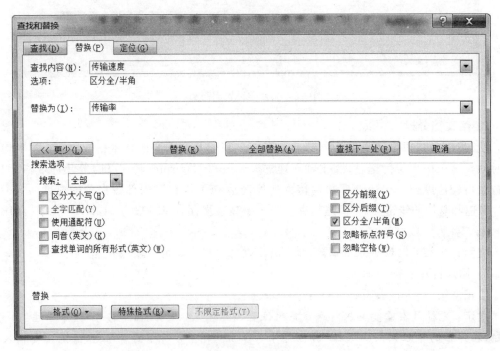

图 3-4 批量替换

5) 添加文字水印

为页面添加内容为"Word 的基本操作"的文字水印,方法为:在"页面布局"选项卡的"页面背景"组中单击"水印"按钮,在弹出的下拉列表中选择"自定义水印",打开"水印"对话框,选择"文字水印"。在"文字"框中输入"Word 的基本操作",如图 3-5 所示,单击"确定"按钮。

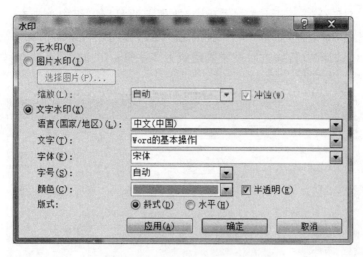

图 3-5　为页面添加文字水印

6) 正文格式的设置

将正文的各个段落的中文设置为小四号楷体、英文设置为小四号 Arial Black 字体；正文各段落首行缩进 2 字符、1.5 倍行距。

(1) 选定正文部分的所有段落，在"开始"选项卡的"字体"组中单击右下方的对话框启动按钮，打开"字体"对话框。如图 3-6 所示，选择"字体"选项卡，"中文字体"设置为楷体、"西文字体"设置为 Arial Black 字体、"字号"设置为小四，然后单击"确定"按钮。

图 3-6　"字体"对话框

（2）保持正文部分的选定状态,在"开始"选项卡的"段落"组中单击右下方的对话框启动按钮,打开"段落"对话框,如图 3-7 所示,选择"缩进和间距"选项卡,在"缩进"下的"特殊格式"下拉列表中选择"首行缩进",设置其磅值为 2 字符;在"间距"下的"行距"下拉列表中选择"1.5 倍行距",然后单击"确定"按钮。

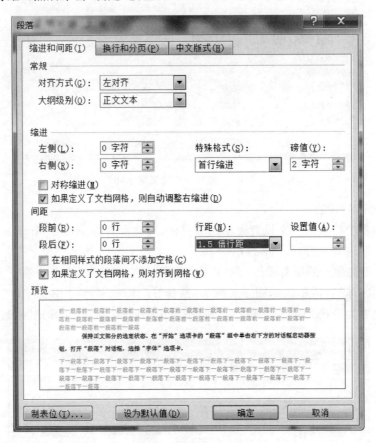

图 3-7 "段落"对话框

7）特殊格式的设置

将正文第一段段首的"台式机"这 3 个字分别设置为如图 3-12 所示样张的带圈字符,并选择"增大圈号";将正文第一段中的第 1 个"技术指标"这 4 个字设置拼音标注,拼音为 12 磅大小;将正文第二段中的"平均时间"这四个字设置为红色、"华文彩云"字体、加框、加字符底纹灰色 20%、字符放大到 200%。

（1）在正文第一段中选定文字"台",在"开始"选项卡的"字体"组中单击"带圈字符"按钮,打开"带圈字符"对话框,在"样式"下选择"增大圈号",在"圈号"下选择圆形,然后单击"确定"按钮;其他两个字按如上方法设置带圈字符。

（2）在正文第一段中选定第 1 个"技术指标",在"开始"选项卡的"字体"组中单击"拼音指南"按钮,打开"拼音指南"对话框,在"字号"旁边的文本框里输入或选择 12,然后单击"确定"按钮;在正文第二段中选定文字"平均时间",在"开始"选项卡的"字体"组中单击"字体"框右边的下拉按钮,在弹出的字体列表中选择"华文彩云";单击"字体颜色"下拉按钮,在弹出的颜色列表中选择红色;单击"字符边框"按钮给选定文字添加边框。

（3）在"段落"组中单击"中文版式"按钮,在弹出的下拉列表中选择"字符缩放"→200％;在"段落"组中单击"边框和底纹"旁边的下拉按钮,选择"边框和底纹"命令,打开"边框和底纹"对话框,选择"底纹"选项卡。在"图案"下的"样式"下拉列表中选择"20％",在"应用于"下拉列表中选择"文字"。单击"确定"按钮。

8）添加底纹与边框

为正文第 5 段添加 25％红色底纹,并为该段落添加 0.75 磅单波浪线边框。

（1）添加 25％红色底纹:选定正文第 5 段,在"开始"选项卡的"段落"组中单击"下框线"旁边的下拉按钮,选择"边框和底纹",打开"边框和底纹"对话框。选择"底纹"选项卡,在"图案"选项组的"样式"下拉列表中选择 25％,在"颜色"下拉列表中选择红色,在"应用于"下拉列表中选择"段落"。

（2）添加 0.75 磅单波浪线边框:在"边框和底纹"对话框中选择"边框"选项卡,在"设置"选项组中选择"方框",在"样式"下拉列表中选择单波浪线样式,在"宽度"下拉列表中选择 0.75 磅,在"应用于"下拉列表中选择"段落",然后单击"确定"按钮。

9）添加页面边框

给页面添加 1.5 磅蓝色边框。

提示:在"页面布局"选项卡的"页面背景"组中单击"页面边框"按钮,打开"边框和底纹"对话框,选择"页面边框"选项卡,在"设置"选项组中选择"方框",在"样式"下拉列表中选择实线样式,在"宽度"下拉列表中选择 1.5 磅,在"颜色"下拉列表中选择蓝色,在"应用于"下拉列表中选择"整篇文档",然后单击"确定"按钮。

10）设置页眉与页脚

插入页脚,内容为你的姓名和日期(请使用日期域),并把页脚内容设为居中。

提示:在"插入"选项卡的"页眉和页脚"组中单击"页脚"按钮,选择页脚位置为"空白",使其居中,在光标处输入自己的姓名,然后在"页眉和页脚工具"的"设计"选项卡的"插入"组中单击"日期和时间"按钮,在弹出的对话框中选择一种日期格式,然后单击"确定"按钮。

3. 创建 Word 表格

建立如表 3-1 所示的学生成绩表。

表 3-1 学生成绩表

姓名 名称	数学	外语	语文
王力	98	87	87
李平	87	78	90
柳小全	90	85	89
吴玉芬	95	89	93
李芳	85	87	95
范峻	66	57	90
周小京	76	78	69

1）插入表格

建立一个 8 行 4 列的表格。表格的绘制如下:在"插入"选项卡的"表格"组中单击"表格"按钮,选择"插入表格"命令,在弹出的对话框中设置需要插入表格的行数和列数。

2）设置行列的大小

选定要设置的行,单击"布局"选项卡的"单元格大小"组中的"分布行"按钮,可以使选中的各行等高;选中要设置的列,单击"布局"选项卡的"单元格大小"分组中的"分布列"按钮,可以使选中的各列等宽。

3）表格的绘制

斜线表头的绘制有以下两种方法(建议采用方法(2)):

(1)把光标放在表头所在的单元格中,在"表格工具"的"设计"选项卡的"绘图边框"组中,先选择线型和线条的粗细值,然后单击该组中的"绘制表格"按钮直接绘制。

(2)把光标放在表头所在的单元格中,单击"设计"选项卡的"表格样式"组中的"边框"旁边的下拉按钮,在弹出的下拉列表中选择"斜下框线"选项。

4）设置表格字体

将表格中的中文设置为小四号楷体、英文设置为小四号 Times New Roman 字体。

4. 表格的编辑

在"语文"的右边插入一列,统计每人 3 门课的总分,列标题为"总分";在表格最后增加一行,行标题为"各课程平均"。

提示:在表格最右边插入一列的方法为:选定"语文"列,右击,执行"插入"→"在右侧插入列"命令,然后将新列标题命名为"总分"。在表格末尾插入一行的方法为:选定表格最后一行,右击,执行"插入"→"在下方插入行"命令,然后将新行标题命名为"各课程平均"。

5. 表格的计算与排序

1）表格的计算

计算每个学生的总分和各课程平均分,各课程平均分保留一位小数。

(1)计算每个学生的总分:将光标放在"总分"列要计算的第一个单元格中,在"表格工具"的"布局"选项卡的"数据"组中单击"fx 公式"按钮,弹出"公式"对话框,如图 3-8 所示,单击"确定"按钮,将在单元格中插入默认的求左侧数字之和的函数 SUM(LEFT),其他单元格可按相同方法操作,或者将插入的第一个域复制到其他要计算的单元格,然后分别右击这些单元格做"更新域"的操作。

图 3-8 "公式"对话框

(2)计算各课程平均分:将光标放在"各课程平均"行的第一个要计算的单元格中,在"表格工具"的"布局"选项卡中单击"数据"组中的"fx 公式"按钮,弹出"公式"对话框,在"公式"文本框中输入"=AVERAGE(ABOVE)",在"编号格式"输入框中输入 0.0,单击"确定"

按钮。其他单元格可按相同方法操作,或者将插入的第一个域复制到其他要计算的单元格,
然后分别右击这些单元格做"更新域"的操作。

2) 表格的排序

按各个同学的总分从高到低排序。

提示:选定表格的前8行,在"表格工具"的"布局"选项卡的"数据"组中单击"排序"按
钮,弹出"排序"对话框。如图3-9所示,在"主要关键字"下拉列表中选择"总分",单击"降
序"单选按钮,然后单击"确定"按钮。

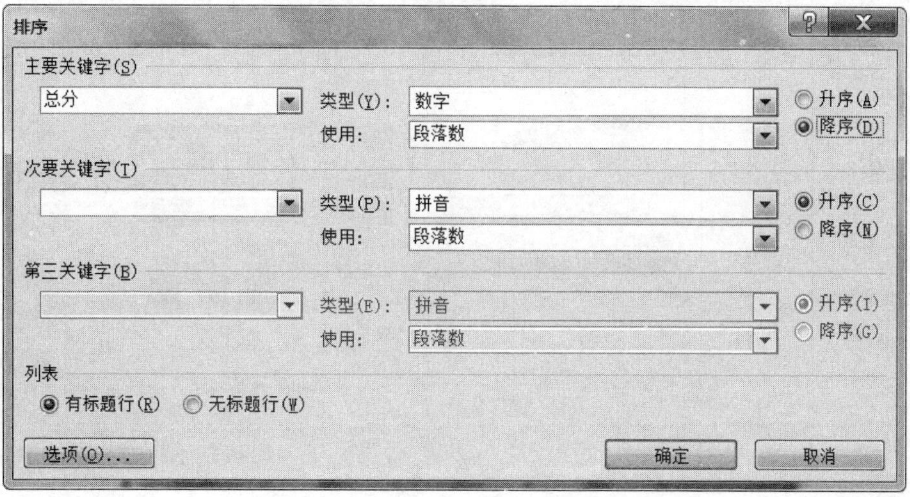

图 3-9 "排序"对话框

6. 表格的格式化

1) 将整个表格居中

提示:选定整个表格,在"表格工具"的"布局"选项卡的"表"组中单击"属性"按钮,弹出
"表格属性"对话框,在其中的"表格"选项卡的"对齐方式"下选择"居中",然后单击"确定"
按钮。

2) 设置表格的格式

将表格第1行的行高设为1厘米、最小值,该行文字为粗体、小四号;其余各行的行高
设为0.6厘米、最小值;将姓名、各科成绩及各课程平均成绩设为水平居中、垂直居中;将总
分列设为垂直居中、水平靠右对齐。

提示:选定表格第1行,在"表格工具"的"布局"选项卡的"表"组中,单击"属性"按钮,
弹出"表格属性"对话框,在其中的"行"选项卡的"尺寸"下,勾选"指定高度",并设为1厘米,
在"行高值是:"后面的下拉列表中选择"最小值",然后单击"确定"按钮。选定表格第2～8
行,按如上方法设置行高为0.6厘米、最小值。

3) 设置表格的框线与底纹

将表格的外边框设置为2.25磅的蓝色粗线、内框线为0.75磅红色细线,按如图3-12
所示样张设置双线,对"总分"列和"各课程平均"行设置20%的底纹。

(1)设置表格的边框有两种方法:①把光标放在表格的任一单元格中,在"表格工具"
的"设计"选项卡的"绘图边框"组中,先选择线型和线条的粗细值,然后单击该组中的"绘制

表格"按钮直接绘制。②选定需要设置边框的表格,右击,在弹出的快捷菜单中选择"边框和底纹"命令,打开"边框和底纹"对话框,选择"边框"选项卡。在"设置"选项组中选择"自定义",在"样式"下拉列表中选择一种边框样式,在"颜色"下拉列表框中选择边框颜色,在"宽度"下拉列表框中选择边框宽度,在"应用于"下拉列表中选择"表格",在"预览"下单击相应的边应用所设置的边框,如图 3-10 所示。

图 3-10　设置表格的边框

(2) 设置单元格的底纹:按住 Ctrl 键,同时选定"总分"列和"各课程平均"行,右击,在弹出的快捷菜单中选择"边框和底纹"命令,打开"边框和底纹"对话框,选择"底纹"选项卡,在"样式"下拉列表中选择"20％",在"应用于"下拉列表中选择"单元格",如图 3-11 所示。

图 3-11　设置单元格的底纹

（3）按如图 3-12 所示样张设置双线：把光标放在表格的任一单元格中，在"表格工具"的"设计"选项卡的"绘图边框"组中，在"笔样式"下拉列表中选择双线，在"笔画粗细"下拉列表中选择"0.75 磅"，在"笔颜色"下拉列表中选择红色，然后单击该组中的"绘制表格"按钮，则光标变成铅笔样式，按样张所示的位置直接绘制即可设置双线。

3.1.3 实验样张

实验样张如图 3-12 所示。

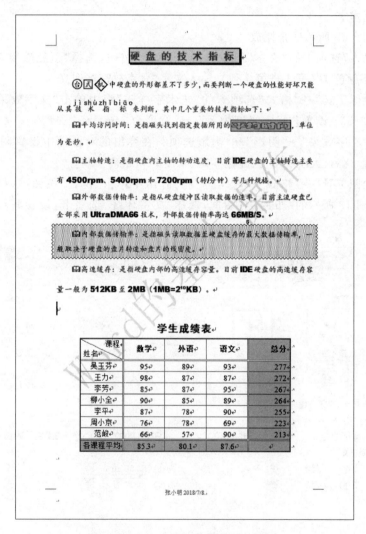

图 3-12 "Word 的基本操作"实验样张

3.2 Word 的图文混排

3.2.1 实验目的

（1）掌握在 Word 文档中插入艺术字或图片的方法。

（2）掌握在 Word 文档中插入与编辑 SmartArt 图形或形状的方法。

（3）掌握在 Word 中使用公式编辑器的方法。

（4）掌握首字下沉、分栏的操作方法。

（5）掌握页眉的设置方法。

3.2.2 实验内容

新建 Word 文档，命名为 Word2.docx，在一页篇幅内实现图文混排。

1. 插入艺术字

1）按如图 3-25 所示样张摆放

（1）在"插入"选项卡的"文本"组中单击"艺术字"按钮，选择"填充效果"为"渐变填充-蓝色，强调文字颜色 1"（第 3 排第 4 列），输入文字"北京故宫欢迎您"。

（2）在"绘图工具"→"格式"选项卡的"艺术字样式"组中单击"文字效果"→"转换"→"跟随路径"→"圆"；设置艺术字高度为 3.5cm、宽度为 5cm。

（3）单击"文字效果"→"阴影"→"阴影选项"，在弹出的对话框中设置阴影选项为：颜色深红、透明度 38%、大小 108%、虚化 5 磅、角度 90°、距离 1 磅。

（4）在"绘图工具"→"格式"选项卡的"排列"组中单击"位置"按钮，选择"其他布局选项"，弹出如图 3-13 所示的"布局"对话框，选择"文字环绕"选项卡，设置其环绕方式为"四周型"。

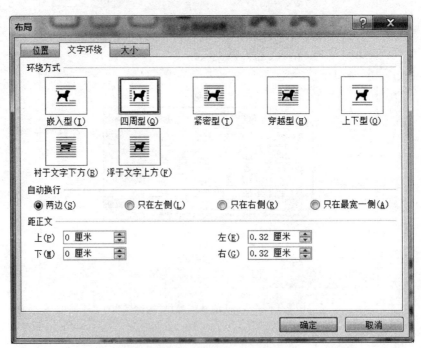

图 3-13　设置文字环绕方式

2）设置格式与边框

设置字体为"隶书"，字号为 72 磅；最后选定艺术字，在"绘图工具"→"格式"选项卡的"形状样式"组中单击"形状轮廓"，在"主题颜色"中选择黑色即可为艺术字添加边框。

2. 插入图片

在艺术字中间插入一张故宫风景图片,图片高度为 1.3 厘米、宽度为 1.65 厘米,浮于文字上方。另插入颐和园风景图片,衬于正文第三段和第四段文字的下方。

1) 在艺术字中间插入图片

将光标定位在文档末尾,在"插入"选项卡的"插图"组中单击"图片"按钮,弹出"插入图片"对话框,选择要插入的故宫风景图片后单击"确定"按钮。选定刚刚插入的图片,在"图片工具"的"格式"选项卡的"大小"组中设置图片的高度为 1.3 厘米、宽度为 1.65 厘米。在"图片工具"的"格式"选项卡的"排列"组中单击"位置"按钮,选择"其他布局选项",弹出"布局"对话框,选择"文字环绕"选项卡,设置其环绕方式为"浮于文字上方"。然后将设置好的故宫风景图片拖放到艺术字中间。

2) 插入图片衬于文字下方

光标定位在文档末尾,按前面所示方法插入颐和园风景图片,并设置其环绕方式为"衬于文字下方"。选定图片,右击,在弹出的快捷菜单中选择"设置图片格式",打开"设置图片格式"对话框,如图 3-14 所示,在其中设置图片的"亮度"为 40%、"对比度"为 −70%。最后将设置好的颐和园风景图片拖放到指定位置,并调整其大小,使其衬于正文第三段和第四段文字下方。

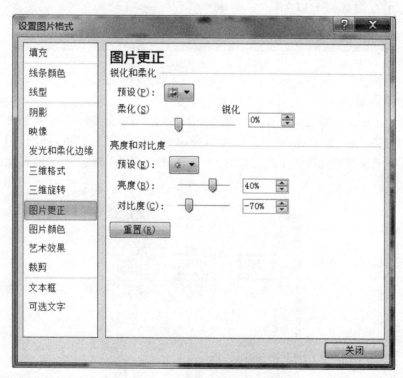

图 3-14 设置图片的亮度和对比度

3. 分栏与首字下沉

把正文的第五段首字下沉 2 行;分等宽的两栏,加分隔线。

提示:若先设置首字下沉,则在设置分栏时不能选中下沉的字,建议先设置分栏再设置首字下沉。

1）分栏操作

选定正文的第五段,注意不要选择段末的段落标记。在"页面布局"选项卡的"页面设置"组中单击"分栏"按钮,选择"更多分栏",弹出"分栏"对话框,如图 3-15 所示。在"预设"选项组中选择"两栏",勾选"分隔线"和"栏宽相等",然后单击"确定"按钮即可完成分栏操作。

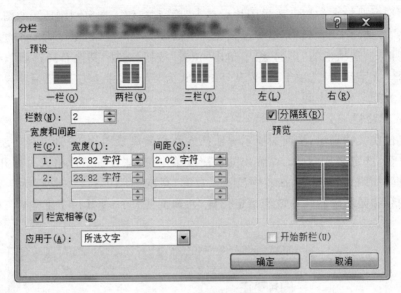

图 3-15　设置分栏

2）首字下沉操作

光标定位在正文的第五段段首或选定需要下沉的文字,在"插入"选项卡的"文本"组中单击"首字下沉"按钮,选择"首字下沉选项",弹出"首字下沉"对话框,如图 3-16 所示。在"位置"选项卡下选择"下沉","下沉行数"设为 2 行,然后单击"确定"按钮即可完成首字下沉操作。

图 3-16　设置首字下沉

4. 插入 SmartArt 图形

某高校举办一次就业讲座,要求学生踊跃参加,本次活动的报名流程为:学工处报名、确认坐席、领取资料、领取门票。请在正文第五段后另起一行,输入"插入 SmartArt 图形:",然后利用 SmartArt 制作本次活动的报名流程。

1)插入操作

将光标置于文字"插入 SmartArt 图形:"后,按 Enter 键另起一行,单击"插入"选项卡下"插图"组中的 SmartArt 按钮,弹出"选择 SmartArt 图形"对话框,选择"流程"中的"基本流程",如图 3-17 所示。

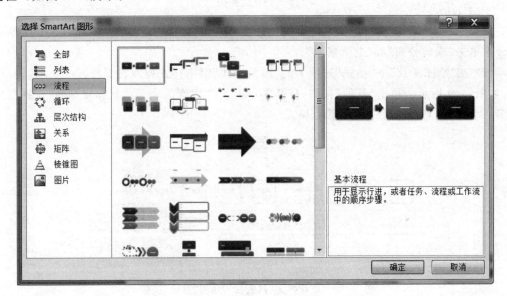

图 3-17 选择 SmartArt 图形

2)设置 SmartArt 格式

单击图 3-17 所示界面中的"确定"按钮,在"SmartArt 工具"的"设计"选项卡的"SmartArt 样式"组中单击"更新颜色"按钮,在弹出的下拉列表中选择"彩色"中的"彩色-强调文字颜色",在"SmartArt 样式"中选择"强烈效果"。选中 SmartArt 图形,在"SmartArt 工具"的"设计"选项卡的"创建图形"组中单击"添加形状"右边的下拉按钮,在弹出的下拉列表中选择"在后面添加形状",然后在 4 个文本框中分别输入相应的流程名称,最后设置 SmartArt 图形中的文字为黑体、14 号,并按样张效果调整 SmartArt 图形的大小。

5. 绘制流程图

绘制如图 3-18 所示的流程图,并添加题注。

1)插入形状

将光标置于 SmartArt 图形后,按 Enter 键另起一行,在"插入"选项卡的"插图"组中单击"形状"按钮,在弹出的下拉列表中的"流程图"选项组中选择相应的形状,然后按下鼠标左键拖动鼠标即可绘制需要的形状。重复以上过程,把需要的 10 个流程图形状都添加到文档中,分成两行摆放,并在各形状中添加相应的文字。

2)排列与设置形状

把第一行的 5 个形状的起始位置定好,按住 Shift 键同时选定它们,完成以下 3 个操作。

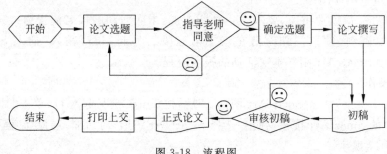

图 3-18　流程图

（1）在"绘图工具"→"格式"选项卡的"排列"组中单击"对齐"按钮，在弹出的下拉列表中分别单击"横向分布"和"上下居中"。

（2）在"绘图工具"→"格式"选项卡的"形状样式"组中样式列表右下角有一个"其他"按钮，如图 3-19 所示。单击"其他"按钮，打开 Word 2010 内置的全部形状样式列表，选择其中的第一个样式（彩色轮廓-黑色，深色 1）。

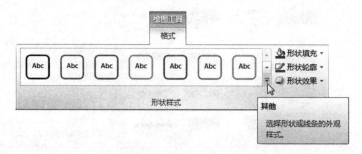

图 3-19　"形状样式"列表右下角的"其他"按钮

（3）在"绘图工具"→"格式"选项卡的"形状样式"组中单击如图 3-19 所示的"形状轮廓"按钮，在弹出的下拉列表中选择"粗细"→"1 磅"，把线型宽度设为 1 磅。

3）插入其他形状及线条

（1）把第二行的 5 个形状也按以上方法设置好，在"插入"选项卡的"插图"组中单击其中的"形状"按钮，在弹出的下拉列表中的"线条"选项组中选择相应的线条，然后按下鼠标左键拖动鼠标即可绘制需要的线条。重复以上过程，把需要的线条都添加到文档中，把 10 个形状都连接起来。

提示：注意修改箭头的外观，选定要修改的箭头，在"绘图工具"→"格式"选项卡的"形状样式"组中单击其右下角的对话框启动按钮，打开"设置形状格式"对话框，在其中设置箭头的线条颜色为黑色、线型宽度为 1 磅、箭头的"后端类型"如图 3-20 所示设置。

（2）单击"插入"选项卡下"插图"组中的"形状"按钮，在弹出的下拉列表中的"基本形状"选项组中选择笑脸形状，然后按下鼠标左键拖动鼠标即可绘制"笑脸"；"哭脸"是通过将"笑脸"的嘴部向上拖动得到；若文字显示不出来，可将文本框的内部边距均设为 0。

4）形状的组合与添加题注

（1）按住 Shift 键同时选定所有形状，在"绘图工具"→"格式"选项卡的"排列"组中单击"组合"按钮，在弹出的下拉列表中单击"组合"按钮，可将所有形状组合成一个整体。

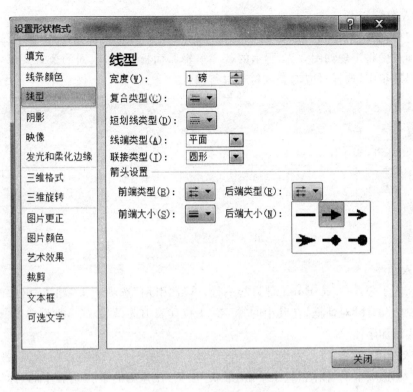

图 3-20　设置箭头外观

（2）将光标置于组合后的流程图后，按 Enter 键另起一行，单击"引用"选项卡下"题注"组中的"插入题注"按钮，弹出"题注"对话框，如图 3-21 所示。在其中的标签下拉列表中选择"流程图"，然后单击"确定"按钮即可为流程图添加题注。

图 3-21　插入题注

6. 插入数学公式、题注、标注

插入如下所示的数学公式，并添加题注和标注。

$$\bar{P} \cong \sqrt[3]{\underbrace{111\cdots111}_{n}} \times \sum_{i=1}^{10}\left(\frac{|x_i|+|y_i|}{n+1}\right) + \iint_{0}(\cos^2 y + \sin^2(x+30°))\mathrm{d}x\mathrm{d}y$$

1）插入数学公式

光标定位在文末，单击"插入"选项卡下"符号"组中的公式按钮"π"，在"公式工具"→"设计"选项卡中将出现如图 3-22 所示的公式编辑器面板，根据上面的公式要求，在图 3-22 所示的"符号"组中，选择对应的公式符号进行输入。

图 3-22　公式编辑器

2）插入题注

将光标置于公式后，按 Enter 键另起一行，单击"引用"选项卡下"题注"组中的"插入题注"按钮，弹出"题注"对话框，在其中的"标签"下拉列表中选择"公式"，然后单击"确定"按钮即可为公式添加题注。

3）插入标注

在"插入"选项卡的"插图"组中单击"形状"按钮，在弹出的下拉列表中的"标注"选项组中选择需要的标注形状可为公式添加标注。

7. 设置页眉

输入页眉"Word 的图文混排"，设为楷体、小五号；页眉的下边框设为双细线；在右边插入页码；并将纸张大小设为 A4，纸张方向设为纵向；将文档的上、下页边距调整为 2 厘米，左、右页边距调整为 3 厘米。

（1）单击"插入"选项卡，在"页眉和页脚"组中单击"页眉"按钮，弹出"页眉"下拉列表，选择"空白（三栏）"页眉模版，删掉左边栏；在中间栏输入"Word 的图文混排"，设为楷体、小五号；选定右边栏，单击"插入"选项卡，在"页眉和页脚"组中单击"页码"按钮，在弹出的下拉列表中选择"当前位置"，选择"普通数字"样式即可在页眉右边插入页码。

（2）选定页眉文字，在"开始"选项卡的"段落"组中单击"下框线"右边的下拉按钮，选择"边框和底纹"，打开"边框和底纹"对话框，选择"边框"选项卡，在"设置"选项组中选择"方框"，在"样式"下拉列表中选择双细线样式，在"应用于"下拉列表中选择"段落"。如图 3-23 所示，在"预览"下只保留下边框，然后单击"确定"按钮即可设置页眉的下边框为双细线。

8. 设置页面布局

在"页面布局"选项卡的"页面设置"组中单击右下角的对话框启动按钮，打开"页面设置"对话框，选择"纸张"选项卡，将纸张大小设为 A4；选择"页边距"选项卡，设置"纸张方向"为纵向，设置上下页边距为 2 厘米、左右页边距为 3 厘米，如图 3-24 所示。

3.2.3　实验样张

实验样张如图 3-25 所示。

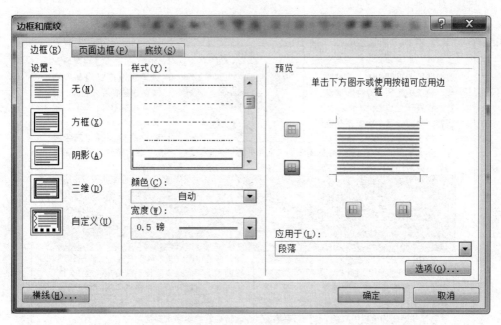

图 3-23 把页眉的下边框设为双细线

图 3-24 "页面设置"对话框

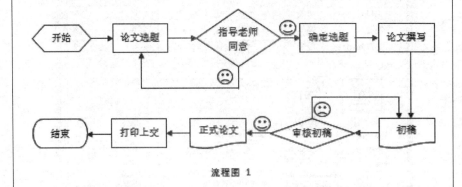

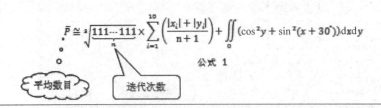

图 3-25 "Word 的图文混排"实验样张

3.3　长文档的排版

3.3.1　实验目的

(1) 掌握样式的使用方法。

(2) 掌握图表的使用方法。

(3) 掌握文档分页与分节的操作方法。

(4) 掌握插入脚注和批注的方法。

(5) 掌握自动生成文档目录的方法。

(6) 掌握长文档的排版技巧。

3.3.2　实验内容

根据学校关于毕业论文格式的要求,结合给定的素材,完成对一篇长文档的排版。

1. 新建 Word 文档

新建 Word 文件并命名为 Word3. docx。设置其页面属性:纸张为 A4,上下边距为 2.54 厘米,左右边距为 3.17 厘米。

提示:在"页面布局"选项卡的"页面设置"组中单击右下角的对话框启动按钮,打开"页面设置"对话框,选择"纸张"选项卡,将纸张大小设为 A4;选择"页边距"选项卡,设置上下页边距为 2.54 厘米、左右页边距为 3.17 厘米。

2. 编写长文档的大纲

提示:在文档中输入长文档大纲,可参考以下大纲:

1 绪论

2 多媒体技术简介

2.1 媒体与多媒体

2.1.1 媒体

2.1.2 多媒体

2.2 多媒体技术

2.2.1 多媒体技术的含义

2.2.2 多媒体技术的特征

3 多媒体教学

3.1 多媒体教学的四个环节

3.1.1 多媒体教学设计

3.1.2 制作多媒体教学课件

3.1.3 组织实施多媒体教学

3.1.4 多媒体教学的评价与反馈

3.2 多媒体教学的作用

3.3 多媒体教学的优势

3.3.1 多媒体在教学中的优势

3.3.2 怎样才能发挥多媒体教学的优势

4 多媒体技术在课堂教学中存在的问题

4.1 多媒体课件存在的问题

4.2 多媒体教学方法的问题

5 结束语

参考文献

谢　辞

3. 修改和建立长文档需要的样式

1) 修改以下 4 个样式

(1)"标题1"的字体：中文字体为黑体、西文字体为 Times New Roman,加粗、四号；段落,左对齐、段前段后均为 0、行距为 1.5 倍行距。

(2)"标题2"的字体：中文字体为黑体、西文字体为 Times New Roman,加粗、小四号；段落,左对齐、段前段后均为 0、行距为 1.5 倍行距。

(3)"标题3"的字体：中文字体为宋体、西文字体为 Times New Roman,加粗、小四号；段落,左对齐、段前段后均为 0、行距为 1.5 倍行距。

(4)"正文"的字体：中文字体为宋体、西文字体为 Times New Roman,小四号；段落,左对齐、段前段后均为 0、行距为 1.5 倍行距,首行缩进 2 字符。

提示：在"开始"选项卡的"样式"组中,单击右下角的对话框启动按钮,弹出"样式"列表框,在列表框里单击"标题1"右边的下拉按钮,选择"修改"命令,弹出"修改样式"对话框,在"样式基准"下拉列表中选择"无样式"选项,单击左下角的"格式"按钮,选择"字体"命令,弹出"字体"对话框,设置中文字体为黑体、西文字体为 Times New Roman,加粗、四号,如图 3-26 所示。

图 3-26　标题 1 字体设置

单击"确定"按钮，返回到"修改样式"对话框，再次单击左下角的"格式"按钮，选择"段落"命令，弹出"段落"对话框，设置段落左对齐、段前段后均为0、行距为1.5倍行距，如图3-27所示。

参照以上方法修改标题2、标题3及正文样式。

2）新建两个样式

（1）"参考文献"样式：中文字体为黑体、加粗、五号；段落，居中、大纲一级、段前段后均为0、行距为1.5倍行距。

（2）"谢辞"样式：中文字体为黑体、加粗、三号；段落，居中、大纲一级、段前段后均为0、行距为1.5倍行距。

提示：在"开始"选项卡的"样式"组中单击右下角的对话框启动按钮，弹出"样式"列表框，其左下角有一个"新建样式"按钮，如图3-28所示。在弹出的"根据格式设置创建新样式"对话框中，命名新样式"名称"为"参考文献"，"样式基准"下拉列表中选择"标题1"，"格式"选项组中设置中文字体为黑体、加粗、五号，如图3-29所示。采用同样的方法可新建"谢辞"样式。

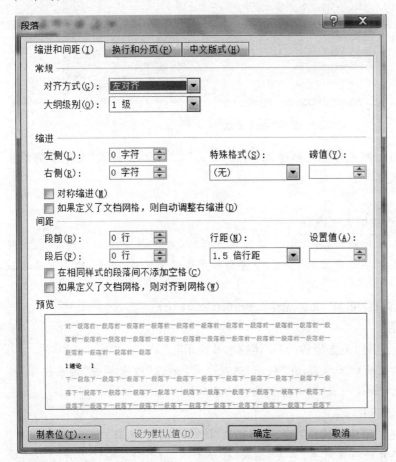

图3-27 标题1段落设置

图3-28 样式列表框

4. 应用样式

在第2步编写的长文档大纲中，应用前面修改和新建的样式。

图 3-29　新建"参考文献"样式

提示：选定所编写的大纲中的各级标题文字，在"开始"选项卡的"样式"组中分别单击样式列表框中对应的样式名称。

5. 添加章节内容

1）在各章节中添加适量的文字内容

提示：将光标置于各级标题后，按 Enter 键另起一行，在各章节中添加适量的文字内容。其中在"参考文献"下列举参考文献 15 篇，参考文献字体设为宋体、五号，格式可参考如下示例：

[1]　王志强.多媒体技术及应用[M].北京:清华大学出版社,2004.

2）在第 1 页插入脚注

脚注内容为"此处文字引用王志强的《多媒体技术及应用》。"

提示：在需要插入脚注的位置单击，在"引用"选项卡的"脚注"组中单击"插入脚注"按钮，在光标指示的位置输入脚注内容，即可完成脚注的添加。

3）在第 2 页插入一张图片

在图片下方插入题注。题注格式：图序一级，依次标识，小四号、宋体、加黑、居中。

提示：在需要插入图片的位置单击，单击"插入"选项卡下"插图"组中的"图片"按钮，弹出"插入图片"对话框，选择要插入的图片后单击"确定"按钮，将光标置于图片后，按 Enter 键另起一行，在"引用"选项卡的"题注"组中单击"插入题注"按钮，弹出"题注"对话框，单击其中的"新建标签"按钮，弹出"新建标签"对话框，在"标签"输入框中输入"图"，单击"确定"

按钮,返回到"题注"对话框,然后单击"确定"按钮即可在图片下方插入题注"图1",如图3-30所示。光标置于文字"图1"后,输入图片的名称;选定图片的题注及名称,设为小四号、宋体、加黑、居中。

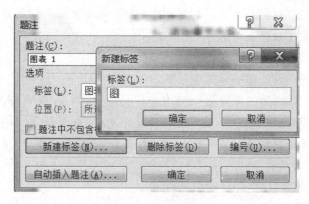

图 3-30　为图片插入题注

4)在第3页插入如下公式及其编号

$$\frac{We + Pl}{a + b} \leqslant Q \leqslant \frac{W(e + b)}{a} \tag{1-1}$$

提示:光标定位在需要插入公式的位置,单击"插入"选项卡下"符号"组中的公式按钮"π",在公式工具的"设计"选项卡中出现公式编辑器面板,在其中选择相应的符号输入要求输入的公式。光标定位在公式后,按若干空格键后输入公式编号。单击公式右下角的公式选项按钮,在弹出的下拉列表中选择"两端对齐"→"右对齐",使公式居中且公式编号右对齐;公式及其编号设为Times New Roman字体、小四号。

5)在第4页插入一个表格

表格用三线表,在表格上方标注表的名称"表3-2学生成绩表"。表的格式:表序分两级,小四号、宋体、加粗、居中。表格居中,表内文字小四号、宋体、中部居中。表格内容如表3-2所示。

表 3-2　学生成绩表

姓名	数学	计算机	英语
张三	85	86	83
李四	92	98	84
王五	87	84	82

提示:光标定位在需要插入表格的位置,单击"插入"选项卡下"表格"组中的"表格"按钮,在弹出的下拉列表中选择"插入表格"命令,插入一个4行4列的表格,调整表格的宽度;选定表格,在"表格工具"的"设计"选项卡的"表格样式"组中单击"边框"旁边的下拉按钮,选择"无框线"选项;选定表格第一行,单击"边框"旁边的下拉按钮,分别选择"上框线"选项和"下框线"选项;选定表格最后一行,单击"边框"旁边的下拉按钮,选择"下框线"选项。

6)在"结束语"部分添加批注

提示:光标定位在文字"5 结束语"后,单击"审阅"选项卡,在"批注"组中单击"新建批注"按钮,在光标指示的位置输入批注内容:此处总结论文的价值和意义,并指出改进方向或措施。

如果不想显示批注,可以在"审阅"选项卡的"修订"组中单击"显示标记"按钮,在弹出的下拉列表中去掉"批注"前的勾选号即可不显示批注;或者在"审阅"选项卡的"修订"组中右上方的查看修订方式下拉列表中选择"最终状态"。

6. 给正文添加页码

要求在添加页码之前让每一章另起一页。

提示:光标定位到从第 2 章开始的所有一级标题前,单击"页面布局"选项卡,在"页面设置"组中单击"分隔符"按钮,在弹出的下拉列表中选择"分页符"选项组中的"分页符",即可让每一章另起一页;单击"插入"选项卡,在"页眉和页脚"组中单击"页码"按钮,在弹出的下拉列表中选择"页面底端"→"普通数字 2",即可给正文部分添加页码。

7. 在正文前添加节目录,并自动生成目录

1) 插入"目录"节

光标定位到正文文首,单击"页面布局"选项卡,在"页面设置"组中单击"分隔符"按钮,在弹出的下拉列表中选择"分节符"选项组中的"下一页",即可添加一个新的节。

提示:添加分节符后要把光标所在处的格式清除掉,再进行其他操作。具体操作如下:将光标定位到新节中,在"开始"选项卡的"样式"组的样式列表框中单击"正文"样式。

2) 插入自动目录

(1) 在刚插入的新节的首行输入并选定"目录"两个字,设为三号、黑体、加粗、居中、字间空两字符后,按 Enter 键另起一行,在"开始"选项卡的"样式"组的样式列表框中单击"正文"样式清除掉上一行带过来的格式。单击"引用"选项卡,在"目录"组中单击"目录"按钮,在弹出的下拉列表中选择"插入目录",弹出"目录"对话框,如图 3-31 所示。

图 3-31 "目录"对话框

（2）在"目录"对话框中单击"修改"按钮，弹出"样式"对话框，如图 3-32 所示。在"样式"对话框中单击"修改"按钮，弹出"修改样式"对话框，如图 3-33 所示，在其中修改"目录 1"的字体为黑体、加粗，然后单击"确定"按钮，返回到"样式"对话框，单击其中的"确定"按钮，返回到"目录"对话框，在"目录"对话框中单击"确定"按钮，目录就自动生成了。

图 3-32 "样式"对话框

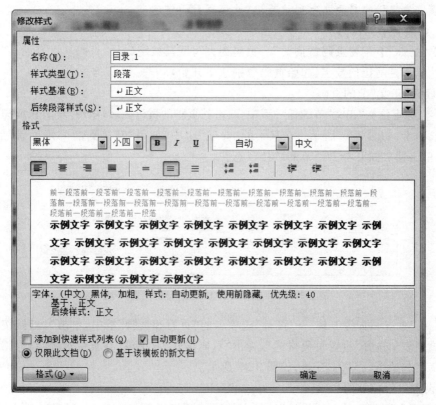

图 3-33 修改"目录 1"样式

8. 添加中英文摘要

在"目录"节之前添加一节，并在此节中分两页书写中英文摘要。

1）添加"摘要"节

将光标定位到"目录"两字之前，单击"页面布局"选项卡，在"页面设置"组中单击"分隔符"按钮，在弹出的下拉列表中选择"分节符"选项组中的"下一页"，即可添加一个新的节，用于添加中英文摘要。

2）添加中英文摘要

将"摘要"节分为两页操作步骤如下。

（1）一页书写中文题目、摘要及关键词。格式要求：中文题目设为三号、黑体、加粗，居中，不超过20字；"摘要："及"关键词："设为黑体、小四号、加粗，左对齐，中文摘要内容设为宋体、小四号。

（2）另一页书写英文题目、摘要及关键词。格式要求：英文题目设为三号、Times New Roman字体、加粗、居中；"Abstract："及"Key Words："设为 Times New Roman字体、小四号、加粗，英文摘要内容设为 Times New Roman字体、小四号。

9. 设计封面

在"摘要"节之前再添加一个"封面"节，把提供的封面格式复制到此处，并按照要求填写封面的相关信息。

提示：光标定位到"摘要"节的中文题目之前，单击"页面布局"选项卡，在"页面设置"组中单击"分隔符"按钮，在弹出的下拉列表中选择"分节符"选项组中的"下一页"，即可添加一个新的节。把提供的封面复制到该节中，并填写封面信息。

10. 修改各节的页码

要求"封面"节不要页码，"摘要"节页码为大写罗马数字（起始页码从Ⅰ开始），"目录"节和"正文"节都是阿拉伯数字（起始页码分别从1开始）。

1）设置"正文"节的页码

（1）光标定位在"正文"节的任一页中，双击其页脚的页码区域，出现"页眉和页脚工具"→"设计"选项卡，如图3-34所示。在其中的"导航"组中，如果"链接到前一条页眉"是选中的状态，就单击使之断开与上一节的链接状态。

图3-34 "页眉和页脚工具"的"设计"选项卡

（2）在"页眉和页脚工具"→"设计"选项卡的"页眉和页脚"组中，单击"页码"按钮，在弹出的下拉列表中选择"设置页码格式"，弹出"页码格式"对话框，在其中选择"编号格式"为阿拉伯数字、"起始页码"从1开始，如图3-35所示。

2）设置"目录"节的页码

在"页眉和页脚工具"→"设计"选项卡的"导航"组中单击"上一节"按钮，进入到"目录"

节的设置界面：在"导航"组中取消"链接到前一条页眉"的选中状态、在"页码格式"对话框中选择"编号格式"为阿拉伯数字、"起始页码"从 1 开始。

3）设置"摘要"节的页码

在"页眉和页脚工具"→"设计"选项卡的"导航"组中单击"上一节"按钮，进入到"摘要"节的设置界面：在"导航"组中取消"链接到前一条页眉"的选中状态，在"页码格式"对话框中选择"编号格式"为大写罗马数字、"起始页码"从 1 开始。

4）设置"封面"节的页码

在"页眉和页脚工具"→"设计"选项卡的

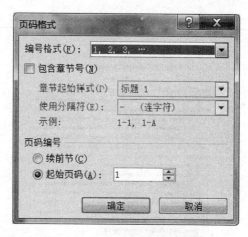

图 3-35　设置页码格式

"导航"组中单击"上一节"按钮，进入到"封面"节的设置界面，删掉其页脚部分的页码后，单击"页眉和页脚工具"的"设计"选项卡最右端的"关闭页眉和页脚"按钮，退出页眉和页脚的编辑状态。

3.3.3　实验样张

实验样张如图 3-36 和图 3-37 所示。

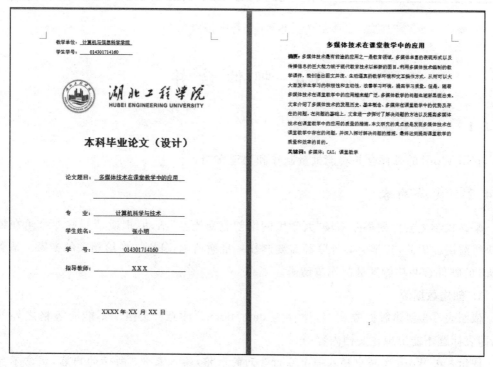

图 3-36　"长文档的排版"实验样张一

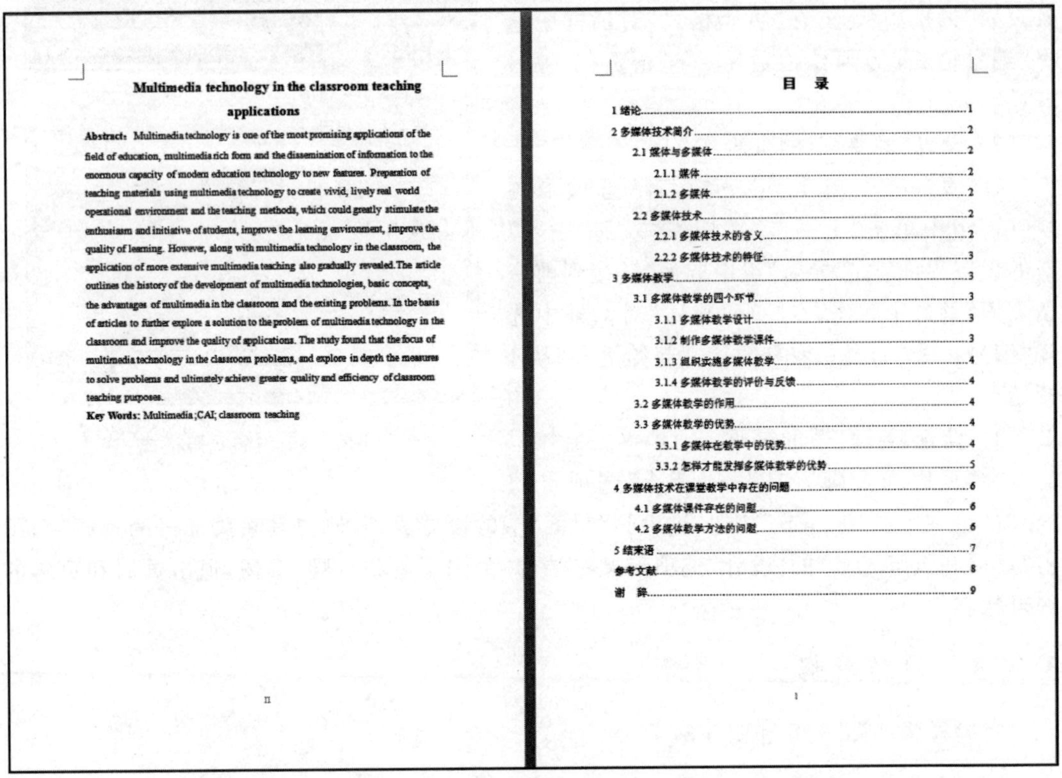

Multimedia technology in the classroom teaching applications

Abstract: Multimedia technology is one of the most promising applications of the field of education, multimedia rich form and the dissemination of information to the enormous capacity of modern education technology to new features. Preparation of teaching materials using multimedia technology to create vivid, lively real world operational environment and the teaching methods, which could greatly stimulate the enthusiasm and initiative of students, improve the learning environment, improve the quality of learning. However, along with multimedia technology in the classroom, the application of more extensive multimedia teaching also gradually revealed. The article outlines the history of the development of multimedia technologies, basic concepts, the advantages of multimedia in the classroom and the existing problems. In the basis of articles to further explore a solution to the problem of multimedia technology in the classroom and improve the quality of applications. The study found that the focus of multimedia technology in the classroom problems, and explore in depth the measures to solve problems and ultimately achieve greater quality and efficiency of classroom teaching purposes.

Key Words: Multimedia ;CAI; classroom teaching

图 3-37 "长文档的排版"实验样张二

3.4　邮件合并

3.4.1　实验目的

利用 Word 的邮件合并功能批量制作和处理文档。

3.4.2　实验内容

某高校学生会计划举办一场"大学生网络创业交流会"活动,拟邀请一些专家给在校学生进行演讲。因此,校学生会外联部需要制作一批邀请函,分别递送给相关的专家。请利用 Word 的邮件合并功能批量制作邀请函。

1. 创建数据源

依照表 3-3 创建数据源文档,保存为 data.docx。注意:文档中不能有表格之外的内容,即表标题不能出现在文档内容中。

提示:在 Word 文档中插入一个 6 行 3 列的表格,输入表 3-3 所示的内容,注意不要输入表标题。

表 3-3　数据源

姓名	性别	公司
李亚棋	男	实达工业出版社
刘小丽	女	青年出版社
陈瑞云	女	广播电视大学
吴天康	男	正同信息技术发展有限公司
孙之洋	男	远华信息科技有限责任公司

2. 编辑主文档

1）创建主文档"邀请函.docx"

（1）新建名为"邀请函.docx"的 Word 文档，并输入以下内容：

大学生网络创业交流会
邀请函

尊敬的：

　　校学生会兹定于 2018 年 10 月 22 日，在本校大礼堂举办"大学生网络创业交流会"的活动，并设立了分会场演讲主题的时间，特邀请您为我校学生进行指导和培训。

　　谢谢您对我校学生会工作的大力支持。

校学生会　外联部
2018 年 9 月 8 日

（2）要求页面高度为 18 厘米、宽度为 30 厘米，上下页边距为 2 厘米，左右页边距为 3 厘米。根据图 3-45 所示样张的效果，调整邀请函中的文字字体、字号和颜色，设置段落间距及段落对齐方式。

2）对主文档进行格式化操作

（1）在"页面布局"选项卡的"页面设置"组中单击右下角的对话框启动按钮，打开"页面设置"对话框，选择"纸张"选项卡，将高度设为 18 厘米，宽度设为 30 厘米；选择"页边距"选项卡，设置上下页边距为 2 厘米、左右页边距为 3 厘米。

（2）在邀请函中选中两行标题，将字体设置为"黑体"，使之居中，将字号设置为"一号"，将字体颜色设置为蓝色。打开"段落"对话框，设置两行标题的"段前"间距和"段后"间距均为 0.5 行。

（3）在邀请函中选中除两行标题之外的其他部分，将字体设置为"楷体"，将字号设置为"三号"；选中邀请函的两段正文，在"段落"对话框中设置首行缩进 2 字符；选中落款和日期两行文字，在"开始"选项卡的"段落"组中单击"文本右对齐"按钮。对主文档进行格式化操作完毕后请保存主文档。

3. 邮件合并操作

1）选择文档类型

把光标定位在"尊敬的"和冒号"："之间，单击"邮件"选项卡，在"开始邮件合并"组中单击"开始邮件合并"按钮，在下拉列表中选择"邮件合并分步向导"，弹出"邮件合并"任务窗格，如图 3-38（a）所示。选择默认选定的"信函"，单击"下一步：正在启动文档"超链接。

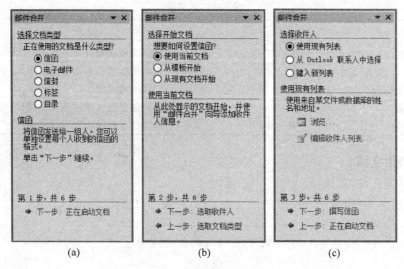

图 3-38 "邮件合并"前 3 步

2）选择开始文档

如图 3-38（b）所示，在"邮件合并"第 2 步中选择"使用当前文档"单选按钮，然后单击"下一步：选取收件人"超链接。

3）选择收件人

如图 3-38（c）所示，在"邮件合并"第 3 步中选择"使用现有列表"单选按钮，单击"浏览"超链接按钮，弹出"选择数据源"对话框，在其中选择第 1 步创建的数据源 data.docx，单击"打开"按钮，弹出"邮件合并收件人"对话框，如图 3-39 所示，单击"确定"按钮关闭该对话框。然后在"邮件合并"第 3 步中单击"下一步：撰写信函"超链接。

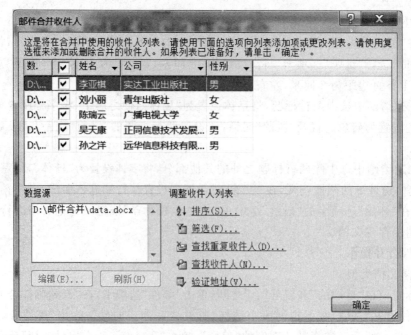

图 3-39 "邮件合并收件人"对话框

4）插入合并域

如图 3-40 所示，在"邮件合并"第 4 步中单击"其他项目"超链接，弹出"插入合并域"对话框，如图 3-41 所示，在其中的"域"列表框下选择"姓名"，单击"插入"按钮，则在文档中的相应位置就会出现插入的域标记，然后单击"关闭"按钮关闭"插入合并域"对话框。

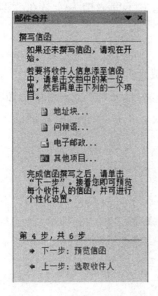

图 3-40　"邮件合并"第 4 步　　　　　　　　　图 3-41　插入合并域

5）为被邀请人的称谓与性别建立关联

在"邮件"选项卡的"编写与插入域"组中单击"规则"按钮，在弹出的下拉列表中选择"如果…那么…否则…"命令，弹出"插入 Word 域：IF"对话框，如图 3-42 所示，在其中的"域名"下拉列表中选择"性别"，在"比较条件"下拉列表中选择"等于"，在"比较对象"文本框中输入"男"，在"则插入此文字"文本框中输入"先生"，在"否则插入此文字"文本框中输入"女士"，

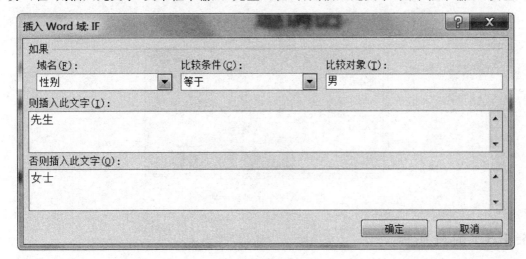

图 3-42　"插入 Word 域：IF"对话框

单击"确定"按钮,在刚才插入的域标记后插入第二个域标记,选中第二个域标记,将其字体设置为"楷体",将字号设置为"三号"。

6)预览信函

在"邮件合并"第 4 步中单击"下一步:预览信函"超链接,则进入"邮件合并"第 5 步,如图 3-43(a)所示,在其中单击"〈〈"或"〉〉"按钮,可以查看具有不同邀请人姓名和称谓的邀请函。

7)完成合并

预览完毕后,在"邮件合并"第 5 步中单击"下一步:完成合并"超链接,进入邮件合并的最后一步,如图 3-43(b)所示。选择"编辑单个信函"超链接,在打开的"合并到新文档"对话框中选择"全部",如图 3-44 所示,单击"确定"按钮即可生成一个包含全部邀请函的多页文档,以 Word4.docx 为名保存该文档。

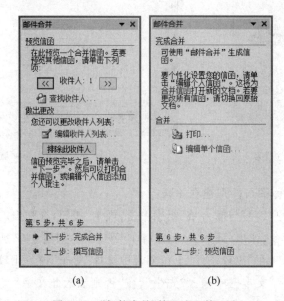

(a)   (b)

图 3-43 "邮件合并"第 5 步和第 6 步

图 3-44 合并到新文档

3.4.3 实验样张

实验样张如图 3-45 所示。

大学生网络创业交流会

邀请函

尊敬的李亚棋先生:

　　校学生会兹定于 2018 年 10 月 22 日,在本校大礼堂举办"大学生网络创业交流会"的活动,并设立了分会场演讲主题的时间,特邀请您为我校学生进行指导和培训。

　　谢谢您对我校学生会工作的大力支持。

校学生会 外联部

2018 年 9 月 8 日

大学生网络创业交流会

邀请函

尊敬的刘小丽女士:

　　校学生会兹定于 2018 年 10 月 22 日,在本校大礼堂举办"大学生网络创业交流会"的活动,并设立了分会场演讲主题的时间,特邀请您为我校学生进行指导和培训。

　　谢谢您对我校学生会工作的大力支持。

校学生会 外联部

2018 年 9 月 8 日

图 3-45 "邮件合并"实验样张

第4章　Excel 2010

本章实验目标：熟练掌握 Excel 2010 工作簿与工作表的各种基本操作，理解 Excel 公式及函数的应用，能够独立完成各种图表的创建与修改任务；熟练掌握 Excel 数据的各种常规操作方法，可以完成工作表的打印设置与数据保护。

4.1　Excel 的基本操作

4.1.1　实验目的

（1）熟练掌握工作簿与工作表的基本操作。

（2）熟练掌握公式与函数的常规应用。

（3）熟练掌握工作表的格式化、条件格式、样式等操作。

4.1.2　实验内容

1. 工作簿与工作表的基本操作

1）新建工作簿

新建文件名为 staff. xlsx 的工作簿：启动 Microsoft Excel 2010 程序，打开"文件"菜单，单击其中的"另存为"选项，将当前默认的"工作簿 1. xlsx"文件保存到"桌面"，文件名为 staff. xlsx。保存后的结果如图 4-1 所示。

提示：新建的 Excel 文档默认名称为"工作簿 1. xlsx"，每个新建工作簿默认有 3 个工作表，分别名为 Sheet1、Sheet2、Sheet3。图 4-1 中标注的名称将在后续操作中使用，请熟悉它们的位置及图标形状。

2）输入数据

在工作表 Sheet1 中输入如表 4-1 所示的数据，操作方法如下。

（1）在 A1 到 E1 单元格中分别输入"职工编号""姓名""部门""基本工资""津贴"，在 A2 单元格中输入"'0001"后，按 Enter 键；鼠标选定 A2 单元格后，拖动"填充柄"到 A9 单元格。

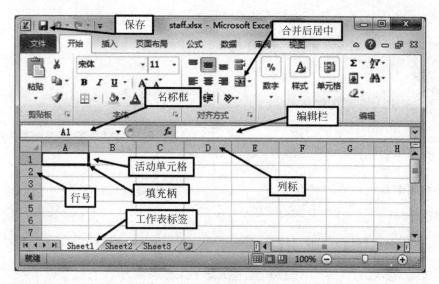

图 4-1　staff 工作簿窗口

表 4-1　"基本信息"表

职工编号	姓名	部门	基本工资	津贴
0001	王琴	行政部	5189	800
0002	李丽	人事部	2856	650
0003	陈壮	市场部	3588	700
0004	吴丽娟	市场部	1856	500
0005	陈浩	市场部	1958	400
0006	张静	市场部	1765	400
0007	吴平世	研发部	3619	600
0008	王永峰	财务部	2799	600

提示：输入的数据 0001 前必须使用英文状态下的单撇号。

（2）选定 C2:C9 区域，打开"数据"选项卡，在"数据工具"组中单击"数据有效性"按钮，打开如图 4-2 所示的"数据有效性"对话框。选择"允许"列表中的"序列"，"来源"下的文本框中输入"行政部,人事部,市场部,研发部,财务部"，单击"确定"按钮完成设置。此时可以直接通过鼠标选取"部门"列表框中的数据来完成数据的输入。

提示：数据序列中输入的逗号必须是英文逗号。

（3）参照表 4-1 输入剩余的其他数据。

3）工作表的基本操作

（1）在图 4-1 所示窗口中，右击名为 Sheet1 的工作表标签，选择右键菜单中的"重命名"选项，输入"基本信息"并按 Enter 键，完成工作表的重命名操作。

（2）右击"基本信息"工作表标签，选择"移动或复制"选项，打开如图 4-3 所示的对话框。在列表框中选定 Sheet2 项，并勾选"建立副本"复选项，单击"确定"按钮，完成工作表的复制操作。

提示：此时 Sheet2 工作表标签前将新增复制的新工作表"基本信息（2）"；如果没有勾

选"建立副本"复选项，则此操作是对工作表的移动操作。

图 4-2 "数据有效性"对话框   图 4-3 "移动或复制工作表"对话框

（3）双击"基本信息（2）"工作表标签，输入新的工作表名为"工资"。

（4）右击"基本信息"工作表标签，选择"工作表标签颜色"级联菜单中的标准色"红色"。

（5）打开"基本信息"工作表，在"视图"选项卡的"窗口"组中单击"冻结窗格"按钮，选择其中的"冻结首行"选项；拖动垂直滚动条，观察工作表中单元格显示的变化。

（6）右击"基本信息"工作表标签，选择"隐藏"选项，隐藏"基本信息"工作表。

（7）同时删除 Sheet2 与 Sheet3 两个工作表。

提示：按住 Ctrl 键，依次单击 Sheet2 与 Sheet3 的工作表标签后，在选定对象上右击，选择"删除"选项完成对两个工作表的删除操作。

（8）单击图 4-1 所示窗口标题栏左边的"保存"图标按钮，以当前文件名保存工作簿。

4）单元格的编辑

在"工资"工作表中编辑如图 4-4 所示的内容，操作方法如下：

	A	B	C	D	E	F	G	H	I
1	本月工资表								
2	职工编号	姓名	性别	部门	基本工资	津贴	扣发	实发工资	排名
3	0001	王琴	女	行政部	5189	800			
4	0002	李丽	女	人事部	2856	650	100		
5	0003	陈壮	男	市场部	3588	700			
6	0004	吴丽娟	女	市场部	1856	500			
7	0005	陈浩	男	市场部	1958	400			
8	0006	张静	女	市场部	1765	400			
9	0007	吴平世	男	研发部	3619	600	1000		
10	0008	王永峰	男	财务部	2799	600			
11	合计								
12	男职工合计								
13	女职工合计								
14	平均								
15	最大值								
16	最小值								

图 4-4 "工资"工作表的数据

（1）打开"工资"工作表，右击列标 C，选择"插入"选项；在 C1～C9 单元格中分别输入如图 4-4 所示的"性别"数据。

（2）在"工资"工作表的最后添加"扣发""实发工资""排名"三列，其中李丽因考勤未到扣发 100、吴平世因提前预支扣发 1000，并为这两项扣发添加批注。

提示：在单元格 G1 到 I1 中分别输入"扣发""实发工资""排名"，在 G3 与 G8 单元格中分别输入 100、1000，右击 G3 单元格，选择"插入批注"选项，输入"考勤未到"；右击 G8 单元格，插入批注为"提前预支"。

（3）在"工资"工作表中，右击行号 1，选择"插入"选项；在 A1 单元格中输入"本月工资表"；选定 A1:I1 区域，在"开始"选项卡的"对齐方式"组中单击"合并后居中"按钮。

（4）在"工资"工作表中，选定区域 C3:C10，单击"名称框"，并输入 xb 后按 Enter 键，为选定区域的定义名称为 xb。

（5）在"工资"工作表的 A11 到 A16 单元格中分别输入如图 4-4 所示的文字：合计、男职工合计、女职工合计、平均、最大值、最小值；选定 A11:B16 区域，在"开始"选项卡的"对齐方式"组中单击"合并后居中"按钮后的▼，打开下拉菜单，选择下拉菜单中的"跨越合并"选项，实现如图 4-4 所示的合并效果。

2. 公式与函数的应用

使用公式计算"工资"工作表中相关单元格的数值，效果如图 4-14 所示的样张。

提示：所有公式均以"＝"开始，公式中的所有运算符号、引号、函数名称等都必须使用英文符号，公式中的中文信息必须使用英文的双引号括起来。

1）计算"实发工资"数据

在 H3 单元格中输入"＝E3＋F3－G3"后按 Enter 键，选定 H3 单元格，拖动"填充柄"到 H10 单元格。

2）计算"性别"的合计数据

在 C11 单元格中输入"＝COUNTA(xb)"后按 Enter 键，计算出总人数。

提示：COUNTA 函数统计选定区域中非空单元格的个数，与其相似的 COUNT 函数用于统计选定区域中包含数字的单元格个数；参数 xb 是前面操作过程中定义的名称，如果没有定义名称，则需要使用区域名称 C3:C10 替换参数 xb。

3）计算"部门"的合计数据

在 D11 单元格中输入公式"＝SUM(1/COUNTIF(D3:D10,D3:D10))"后，按组合键 Ctrl＋Shift＋Enter，通过数组公式计算出不同部门的合计个数。

提示：单元格中输入公式后不能直接按 Enter 键，必须使用 Ctrl＋Shift＋Enter 组合键才能进行数组公式的计算，否则将出现错误提示。

4）计算"基本工资""津贴""扣发""实发工资"的合计数据

在 E11 单元格中输入公式"＝SUM(E3:E10)"后按 Enter 键，选定 E11 单元格，并拖动其"填充柄"到 H11 单元格，计算出其余各列的合计金额。

5）计算男、女职工的"性别"合计数据

在 C12 单元格输入公式"＝COUNTIF(xb,"男")"计算出男职工的人数，在 C13 单元格中输入公式"＝COUNTIF(xb,"女")"计算出女职工的人数。

6）计算男、女职工的各项合计数据

在 E12 单元格中输入公式"＝SUMIF(xb,"男",E3:E10)"后按 Enter 键，选定 E12 单元格，拖动"填充柄"到 H12 单元格，计算出其余各列中男职工的合计数据；在 E13 单元格中输入公式"＝SUMIF($C$3:$C$10,"女",E3:E10)"后，使用类似的方法计算女职工其余各列的合计金额。

提示：当自定义名称 xb 使用区域名称＄C＄3：＄C＄10 替代时，必须注意使用的引用方式必须是绝对引用；如果使用相对引用的区域名称 C3：C10，则进行"填充柄"的拖动时，数据计算将会出错。

7）计算各列数据的"平均""最大值"与"最小值"

分别在 E14 单元格中输入公式"＝AVERAGE(E3：E10)"、E15 单元格中输入公式"＝MAX(E3：E10)"、E16 单元格中输入公式"＝MIN(E3：E10)"，选定 E14：E16 区域，拖动其"填充柄"到 H16。

8）计算"排名"列的数据

在"排名"列中，以"实发工资"的数值从大到小排名。

提示：选定 I3 单元格，单击图 4-1 所示"编辑栏"前的函数按钮 fx，打开如图 4-5 所示的"插入函数"对话框。在"或选择类别"下拉列表中选择"全部"，在"选择函数"列表中选择 RANK. EQ，单击"确定"按钮，打开如图 4-6 所示的"函数参数"对话框。在 Number 文本框中输入 H3，Ref 文本框中输入"＄H＄3：＄H＄10"，单击"确定"按钮；拖动 I3 单元格的"填充柄"到 I10 单元格。

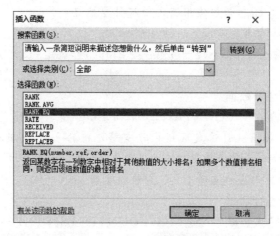

图 4-5 "插入函数"对话框

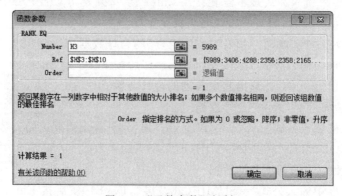

图 4-6 "函数参数"对话框

如果是从小到大的升序排名，则必须在图 4-6 所示对话框中的 Order 文本框中输入 1，Order 文本框中不输入数据或输入 0，表示按降序排名。

3. 工作表的格式化

1) 设置字体、字号、框线

设置 A1 单元格的字体为隶书、字号为 18，居中对齐；设置 A2：I16 区域的字体为"宋体"、字号为 12，并选中"所有框线"与"粗匣框线"。

（1）选定 A2：I16 区域后，在"开始"选项卡的"字体"组中，单击如图 4-7 所示的框线图标按钮，依次选择其中的"所有框线""粗匣框线"选项。

（2）按住键盘的 Ctrl 键，依次选定 C14：C16 与 D12：D16 两个区域，右击选定区域，在右键菜单中选择"设置单元格格式"选项，打开如图 4-8 所示对话框。选择"边框"选项卡，单击图 4-8 所示的"斜线按钮"，完成"工资"工作表中的斜线设置。

图 4-7 "边框"选项

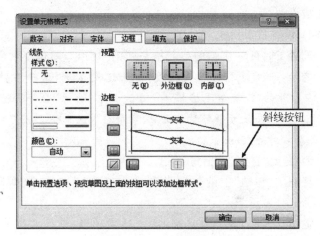

图 4-8 设置斜线

2) 设置表头格式

选定 A2：I2 区域，设置字体"加粗"，"填充颜色"为"水绿色，强调文字颜色 5，淡色 80％"。

提示：选定 A2：I2 区域后，在"开始"选项卡的"字体"组中单击"加粗"图标按钮完成字体加粗设置；单击"填充颜色"图标按钮后的▼，打开如图 4-9 所示的下拉菜单。在"主题颜色"下单击"水绿色，强调文字颜色 5，淡色 80％"所在的图标色块，不同的图标色块对应不同的填充颜色主题，通过鼠标悬停可以查看每个图标色块对应的主题颜色参数。

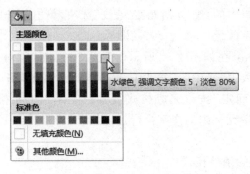

图 4-9 "填充颜色"的下拉菜单

3）设置列宽与行高

设置"列 A"到"列 D"的列宽为 8，"列 E"到"列 H"的列宽为 13，"列 I"的列宽为 8；第 2 行到第 16 行的行高为 18。

（1）选定"列 A"到"列 D"4 列数据后，按住 Ctrl 键，接着选定"列 I"。在"开始"选项卡的"单元格"组中单击"格式"按钮打开下拉列表，在列表中选择"列宽"选项，打开"列宽"对话框，输入参数 8 后，单击"确定"按钮完成设置；"列 E"到"列 H"的"列宽"设置方法相同。

（2）选定第 2 行到第 16 行数据，在"开始"选项卡的"单元格"组中单击"格式"按钮，打开下拉列表，在列表中选择"行高"选项，打开"行高"对话框，输入参数 18 后，单击"确定"按钮完成设置。

4）设置货币格式

设置 E3：H16 区域的单元格格式为"货币"、两位小数数位，水平方向右对齐。

提示：选定 E3：H16 区域后，右击选定区域，选择右键菜单中的"设置单元格格式"选项；在打开的"设置单元格格式"对话框中，选择"数字"选项卡，单击左边"分类"列表中的"货币"选项，并设置小数数位为 2、货币符号为"￥"。在"开始"选项卡的"对齐方式"组中单击"文本右对齐"按钮。

5）设置"自定义"格式

将职工"津贴"中的数据设置为"自定义"格式，数据显示形式以"￥"符号开始、"元"结束。

提示：选定 F3：F10 区域，右击选定区域，选择右键菜单中的"设置单元格格式"选项。在打开的对话框中选择"数字"选项卡，在"分类"列表中选择"自定义"项后，在右边的列表中选择第一个列表项"G/通用格式"；在"类型"文本框中添加"￥"与"元"字符，结果为"￥G/通用格式元"。单击"确定"按钮完成设置。

6）设置单元格合并及其格式

将 I11：I16 区域的单元格合并，将合并单元格填充为"细 逆对角线 条纹"图案，图案颜色为"蓝色，强调文字颜色 1，淡色 80％"；合并单元格中输入竖排文字"制表人：李丽 王永峰"。

（1）图案颜色的设置：与第 2）步中的填充颜色操作位置不同，选定合并单元格后，右击选定区域，选择"设置单元格格式"选项，打开如图 4-10 所示的对话框。打开"填充"选项卡，选择"图案样式"下拉菜单中的"细 逆对角线 条纹"选项，单击打开"图案颜色"下拉菜单，选择其中的"蓝色，强调文字颜色 1，淡色 80％"图标色块。

（2）竖排文字的设置：在如图 4-10 所示的对话框中，打开"对齐"选项卡，如图 4-11 所示。选择"水平对齐"列表为"居中"，"垂直对齐"列表为"靠上（缩进）"，单击"方向"组中的"文本"图标按钮，单击"确定"按钮完成格式设置；在合并单元格中输入文字时，可通过 Alt＋Enter 组合键实现单元格内的文字换行，排版效果请参看 4.1.3 节中的样张。

4. 设置条件格式

1）设置"基本工资"的条件格式

将"基本工资"小于等于 2856 的单元格用"浅红色"格式填充。

（1）选定 E3：E10 区域后，在"开始"选项卡的"样式"组中单击"条件格式"按钮，依次选

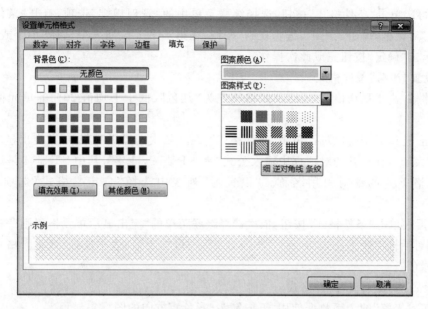

图 4-10　填充图案

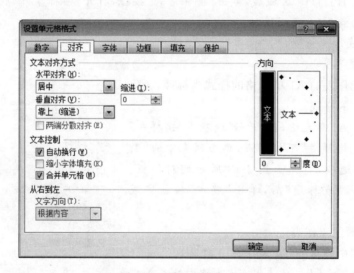

图 4-11　设置对齐方式

择级联菜单中的"突出显示单元格规则"→"小于",打开如图 4-12 所示的对话框,在文本框中输入 2856、"设置为"下拉列表中选择"浅红色填充"项,单击"确定"按钮。

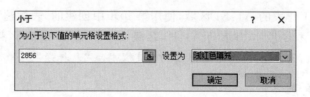

图 4-12　设置条件格式

（2）再次单击"条件格式"按钮，选择级联菜单中的"管理规则"选项，打开"条件格式规则管理器"对话框，单击其中的"编辑规则"按钮，在第二个下拉列表中选择"小于或等于"选项，连续单击"确定"按钮完成此次操作。

2）设置"津贴"条件格式

将"津贴"高于平均值20％的单元格填充为"红色"、低于平均值20％的单元格填充为"绿色"。

（1）选定F3:F10区域后，单击"条件格式"按钮，依次选择级联菜单的"突出显示单元格规则"→"大于"，在打开的对话框中输入公式"＝＄F＄14＊1.2"，其中＄F＄14是津贴平均值的单元格F14的绝对引用名称。"设置为"列表中选择"自定义格式"选项，并选择"红色"。

（2）再次单击"条件格式"按钮，依次选择级联菜单的"突出显示单元格规则"→"小于"，在打开的对话框中输入公式"＝＄F＄14＊0.8"。"设置为"列表中选择"自定义格式"选项，并选择"绿色"。

3）设置"实发工资"条件格式

将"实发工资"的金额数据使用"五向箭头（彩色）"方向的图标集显示。

提示：选定H3:H10区域后，单击"条件格式"按钮，打开"图标集"级联菜单，选择"方向"组中的"五向箭头（彩色）"选项。

5. 使用样式

1）新建样式

以"工资"工作表的A1单元格的样式为标准，新建名称为"表标题"的样式。

提示：选定A1单元格，在"开始"选项卡的"样式"组中，展开"单元格样式"下拉列表，单击列表中的"新建单元格样式"选项，打开如图4-13所示的对话框。"样式名"中输入"表标题"后，单击"确定"按钮完成设置。

2）显示隐藏的工作表

显示工作簿中隐藏的"基本信息"工作表。

提示：右击"工资"工作表标签，选择右键菜单中的"取消隐藏"选项，在弹出的对话框中选择"基本信息"后，单击"确定"按钮完成操作。

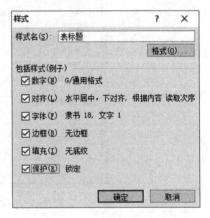

图4-13　新建单元格样式

3）使用样式

将"基本信息"工作表的A1:E1区域，使用第1）步中创建的"表标题"样式进行格式化。

提示：选定"基本信息"工作表的A1:E1区域，在"开始"选项卡的"样式"组中，单击"单元格样式"列表按钮，选择第1）步中新建立的自定义样式"表标题"。

4.1.3　实验样张

实验样张如图4-14所示。

职工编号	姓名	性别	部门	基本工资	津贴	扣发	实发工资	排名
				本月工资表				
0001	王琴	女	行政部	¥5,189.00	¥800元		↑ ¥5,989.00	1
0002	李丽	女	人事部	¥2,856.00	¥650元	¥100.00	⇘ ¥3,406.00	3
0003	陈朴	男	市场部	¥3,588.00	¥700元		⇒ ¥4,288.00	2
0004	吴丽娟	女	市场部	¥1,856.00	¥500元		↓ ¥2,356.00	7
0005	陈浩	男	市场部	¥1,958.00	¥400元		↓ ¥2,358.00	6
0006	张静	女	市场部	¥1,765.00	¥400元		↓ ¥2,165.00	8
0007	吴平世	男	研发部	¥3,619.00	¥600元	¥1,000.00	⇘ ¥3,219.00	5
0008	王永峰	男	财务部	¥2,799.00	¥600元		⇗ ¥3,399.00	4
合计	8	5		¥23,630.00	¥4,650.00	¥1,100.00	¥27,180.00	制表人：李丽 王永峰
男职工合计	4			¥11,964.00	¥2,300.00	¥1,000.00	¥13,264.00	
女职工合计	4			¥11,666.00	¥2,350.00	¥100.00	¥13,916.00	
平均				¥2,953.75	¥581.25	¥550.00	¥3,397.50	
最大值				¥5,189.00	¥800.00	¥1,000.00	¥5,989.00	
最小值				¥1,765.00	¥400.00	¥100.00	¥2,165.00	

图 4-14　"Excel 的基本操作"样张

4.2　Excel 图表的制作

4.2.1　实验目的

(1) 熟练掌握各种图表的创建、编辑等操作。

(2) 熟练掌握迷你图的建立方法。

4.2.2　实验内容

1. 建立图表

1) 新建工作表

新建工作簿 sales.xlsx，建立如图 4-15 所示的销售工作表。

年度	2016年		2017年		2018年	
	上半年	下半年	上半年	下半年	上半年	下半年
王琴	18	21	19	18	20	22
陈壮	15	17	20	22	25	23
吴丽娟	9	10	10	11	12	10
陈浩	8	7	6	9	9	8
张静	8	5	7	5	5	6

销售金额统计表　单位：万

图 4-15　销售工作表

2) 建立簇状柱形图图表

针对图 4-15 所示的数据，建立簇状柱形图类型的图表，效果请参看 4.2.3 节中的样张一。

(1) 将活动单元格定位于图 4-15 所示的表格中，打开"插入"选项卡，在其中"图表"组的右下角单击"创建图表"按钮，打开如图 4-16 所示的对话框。在左边的列表中选择"柱形图"选项后，在右边的列表中选定"簇状柱形图"图标，单击"确定"按钮完成图表的创建，此时程序窗口将自动打开如图 4-17 所示的"图表工具"选项卡。

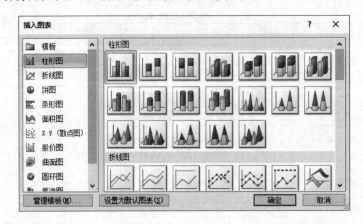

图 4-16 "插入图表"对话框

图 4-17 "图表工具"→"布局"选项卡

提示：将鼠标指针悬停在右边列表中的图标上，将显示出此图标对应的图表类型名称。

(2) 打开如图 4-17 所示的"图表工具"→"布局"选项卡，单击"标签"组中的"图标标题"按钮，选择"图表上方"选项，输入"销售金额统计"；单击"标签"组中的"坐标轴标题"按钮，选择"主要纵坐标轴标题"级联菜单中的"横排标题"选项，输入"万"；单击"坐标轴"组中的"网络线"按钮，选择"主要横网格线"级联菜单中的"无"选项。

3) 建立"带数据标记的折线图"图表

针对销售工作表中 2016 年与 2018 年的销售数据，建立"带数据标记的折线图"图表，效果请参看 4.2.3 节中的样张二。

(1) 选定图 4-15 中的 A3：C9 区域后，按住 Ctrl 键，再选定 F3：G9 区域；打开"插入"选项卡，在其中"图表"组的右下角单击"创建图表"按钮，打开如图 4-16 所示对话框。在左边的列表中选择"折线图"后，在右边的列表中选定"带数据标记的折线图"图标，单击"确定"按钮完成图表的插入操作。

提示：如果插入的图表的横坐标与纵坐标与样张二不同，可打开"图表工具"→"设计"选项卡，单击"数据"组中的"切换行/列"按钮。

(2) 使用第 2)步中类似的操作方法，设置"图标标题"为"销售金额对比"，"纵坐标"横排标题为"万"。

(3) 打开"图表工具"→"布局"选项卡，单击"坐标轴"组中的"坐标轴"按钮，选择"主要纵坐标轴"级联菜单中的"其他主要纵坐标轴选项"选项，打开如图 4-18 所示的"设置坐标轴格式"对话框；设置"最小值"固定为 5、"最大值"固定为 50，勾选"对数刻度"复选项，"基"为

2,单击"关闭"按钮完成设置。

图 4-18 "设置坐标轴格式"对话框

4）建立三维簇状柱形图表

建立 2018 年销售数据的三维簇状柱形图表,效果参看 4.2.3 节的样张三。

提示：图表的基本操作与前面两张图表的建立方法类似,这里只说明前面没有涉及的以下几个操作。

（1）打开"图表工具"→"布局"选项卡,在"标签"组中单击"图例"按钮,选择菜单中的"在左侧显示图例";单击"数据标签"按钮,选择"显示"选项;单击"网格线"按钮,选择"主要纵网格线"级联菜单中的"次要网格线"选项。

（2）在"图表工具"→"布局"选项卡的"当前所选内容"组中单击"图表元素"下拉列表中的"系列"王琴"数据标签"选项后,在"开始"选项卡中设置字体为"黑体"、字号为 12。

（3）再次打开"图表工具"→"布局"选项卡,在"标签"组中单击"数据标签"按钮,选择"其他数据标签选项";在打开的对话框中勾选"系列名称"复选项,单击"关闭"按钮结束标签设置。

（4）使用类似的操作方法,设置"吴丽娟"系列的数据标签字体为"隶书"、字号为 12,显示"系列名称"。

2. 建立独立图表

为销售工作表中的 2017 年销售数据建立簇状条形图类型的独立图表,效果参看 4.2.3 节的样张四。

1）通过工作表标签插入图表

在销售工作表中选定 A3:A9 与 D3:E9 两个不连续的区域,在销售工作表标签上右击,选择右键菜单中的"插入"选项,打开"插入"对话框。选择对话框中的"图表"选项后,单击"确定"按钮完成独立图表的创建。

2）更改独立图表的类型

在自动打开的 Chart1 工作表中,打开"图表工具"→"设计"选项卡。在"类型"组中单击

"更改图表类型"按钮,选择"条形图"中的"簇状条形图",单击"确定"按钮完成设置。

3. 建立迷你图

在销售工作表的最后一列中插入"迷你折线图",图中显示标记、高点、低点,标记的颜色为蓝色、高点的颜色为红色、低点的颜色为绿色,效果如图 4-19 所示。

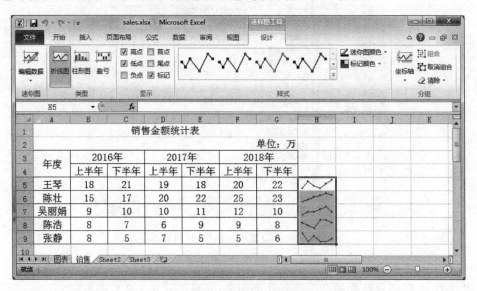

图 4-19 "迷你图工具"→"设计"选项卡

1)插入迷你图

选定 H5 单元格,在"插入"选项卡的"迷你图"组中单击"折线图"按钮,打开"创建迷你图"对话框;"数据范围"选择 B5:G5 区域后,单击"确定"按钮完成"迷你图"的插入操作。

2)设置"迷你图"格式

打开"迷你图工具"→"设计"选项卡,如图 4-19 所示,勾选"显示"组中的"高点""低点""标记"复选项,单击"样式"组中的"标记颜色"按钮,在打开的下拉菜单中分别设置"高点"项为标准红色、"低点"项为标准绿色、"标记"项为标准蓝色的颜色;选定 H5 单元格,拖动其"填充柄"到 H9 单元格,完成其他人员的"迷你图"设置。

4.2.3 实验样张

实验样张如图 4-20~图 4-23 所示。

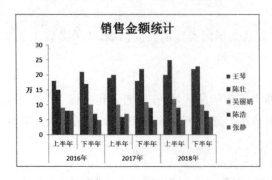

图 4-20 样张一

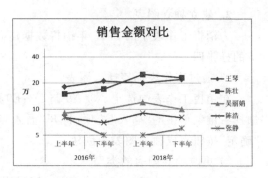

图 4-21 样张二

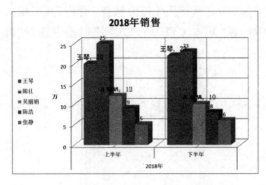

图 4-22 样张三

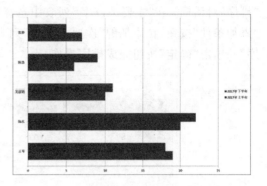

图 4-23 样张四

4.3 Excel 数据的操作

4.3.1 实验目的

(1) 熟练掌握各种排序、自动筛选、高级筛选等操作。

(2) 熟练掌握分类汇总、数据透视表的建立与修改。

(3) 了解数据分列的操作。

4.3.2 实验内容

1. 准备数据表

打开 4.1 节创建的 staff.xlsx 工作簿,在其"基本信息"工作表中增加"缴税情况"列,在 F2 单元格中输入公式"=IF(D2+E2>3500,"缴税","不缴税")"后按 Enter 键,拖动 F2 单元格的"填充柄"到 F9 单元格,操作结果如图 4-24 所示,最后将当前工作簿另存为 Data.xlsx。

	F2		f_x	=IF(D2+E2>3500,"缴税","不缴税")		
	A	B	C	D	E	F	G
1	职工编号	姓名	部门	基本工资	津贴	缴税情况	
2	0001	王琴	行政部	5189	800	缴税	
3	0002	李丽	人事部	2856	650	缴税	
4	0003	陈壮	市场部	3588	700	缴税	
5	0004	吴丽娟	市场部	1856	500	不缴税	
6	0005	陈浩	市场部	1958	400	不缴税	
7	0006	张静	市场部	1765	400	不缴税	
8	0007	吴平世	研发部	3619	600	缴税	
9	0008	王永峰	财务部	2799	600	不缴税	
10							

图 4-24 增加"缴税情况"列

2. 数据排序

将图 4-24 所示的工作表按"部门"进行升序排序,如果部门相同,则按"基本工资"降序排序。

(1) 将活动单元格定位于图 4-24 所示的工作表数据中。

(2) 打开"数据"选项卡,在"排序和筛选"组中单击"排序"按钮,打开如图 4-25 所示的

"排序"对话框；在"主要关键字"列表中选择"部门"项，"次序"列表中选择"升序"项；单击"添加条件"按钮，在添加的"次要关键字"列表中选择"基本工资"项，"次序"列表中选择"降序"。单击"确定"按钮完成排序操作。

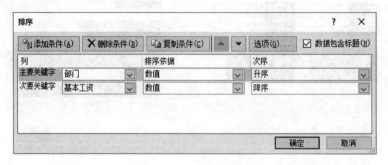

图 4-25 "排序"对话框

提示：对于标准表格的排序，选择关键字前，需要确保"数据包含标题"复选项被勾选。如果此复选项没有被勾选，则关键字列表中将不会出现表格字段名称，只会出现列 A、列 B 等选项。

3. 数据筛选

1）自动筛选

使用自动筛选的方法找出"市场部"中所有"津贴"大于或等于 500 元、小于 800 元的职工信息。

（1）将活动单元格定位于图 4-24 所示的工作表数据中，打开"数据"选项卡，在"排序和筛选"组中，单击"筛选"按钮。

（2）单击工作表中"部门"旁的筛选箭头▼，在打开的下拉菜单中清除所有复选项后，勾选"市场部"复选项。

（3）单击工作表中"津贴"旁的筛选箭头▼，选择"数字筛选"级联菜单中的"自定义筛选"项，打开如图 4-26 所示对话框。按照筛选条件设置如图所示的参数后，单击"确定"按钮结束自动筛选。

（4）再次单击"筛选"按钮恢复显示所有数据。

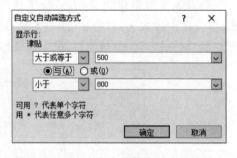

图 4-26 "自定义自动筛选方式"对话框

2）高级筛选

使用高级筛选显示满足以下两个条件之一的数据信息。

条件 1：市场部所有基本工资大于或等于 1800 元且小于 3000 元的职工信息；

条件 2：津贴小于或等于 500 元的所有职工信息。

（1）在基本工资工作表中的空白区域（从 C11 单元格开始）输入如图 4-27 所示的高级筛选条件。

（2）将活动单元格定位于基本工资的数据表中，打开"数据"选项卡，在"排序和筛选"组中单击"高级"按钮，打开如图 4-28 所示的"高级筛选"对话框。

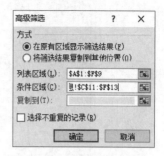

	A	B	C	D	E	F
1	职工编号	姓名	部门	基本工资	津贴	缴税情况
2	0008	王永峰	财务部	2799	600	不缴税
3	0001	王琴	行政部	5189	800	缴税
4	0002	李丽	人事部	2856	650	缴税
5	0003	陈壮	市场部	3588	700	缴税
6	0005	陈浩	市场部	1958	400	不缴税
7	0004	吴丽娟	市场部	1856	500	不缴税
8	0006	张静	市场部	1765	400	不缴税
9	0007	吴平世	研发部	3619	600	缴税
10						
11			部门	基本工资	基本工资	津贴
12			市场部	>=1800	<3000	
13						<=500

图 4-27　高级筛选的条件区域　　　　　图 4-28　"高级筛选"对话框

（3）单击"列表区域"文本框后的红色箭头按钮，选定进行筛选的数据区域，即＄A＄1：＄F＄9区域；单击"条件区域"文本框后的红色箭头按钮，选定在第（1）步建立的条件区域，即＄C＄11：＄F＄13区域；单击"确定"按钮完成高级筛选操作。

（4）在"排序和筛选"组中单击"清除"按钮，清除高级筛选，恢复显示所有数据。

4．分类汇总

以"部门"为分类字段，对"基本工资"工作表进行分类汇总，统计各部门的基本工资、津贴的平均值。

1）排序

以"部门"字段进行排序操作（升序或降序）。

提示：分类汇总前必须以分类字段进行排序操作。

2）分类汇总

打开"数据"选项卡，在"分级显示"组中单击"分类汇总"按钮，打开如图4-29所示的对话框。在"分类字段"列表中选择"部门"项，"汇总方式"列表中选择"平均值"项，"选定汇总项"列表中分别勾选"基本工资""津贴"复选项，单击"确定"按钮完成分类汇总操作，操作结果如图4-30所示。

3）删除分类汇总

单击图4-29所示对话框中的"全部删除"按钮，删除分类汇总。

5．数据透视表

1）建立数据透视表

以"工资"工作表为基础建立数据透视表，并按部门分别统计男、女职工人数。

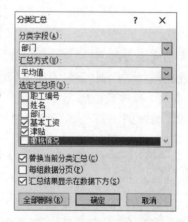

图 4-29　"分类汇总"对话框

（1）打开Data.xlsx工作簿的"工资"工作表，选定A2：I10区域；打开"插入"选项卡，在其"表格"组中单击"数据透视表"按钮，打开"创建数据透视表"对话框，选择放置数据透视表的位置为"新工作表"单选项后，单击"确定"按钮完成数据透视表的创建操作。此时程序窗口将自动打开如图4-31所示的"数据透视表字段列表"对话框。

（2）在如图4-31所示的"数据透视表字段列表"对话框中，使用鼠标左键拖动"选择要

1 2 3		A	B	C	D	E	F
	1	职工编号	姓名	部门	基本工资	津贴	缴税情况
	2	0008	王永峰	财务部	2799	600	不缴税
	3			财务部 平均值	2799	600	
	4	0001	王琴	行政部	5189	800	缴税
	5			行政部 平均值	5189	800	
	6	0002	李丽	人事部	2856	650	缴税
	7			人事部 平均值	2856	650	
	8	0003	陈壮	市场部	3588	700	缴税
	9	0005	陈浩	市场部	1958	400	不缴税
	10	0004	吴丽娟	市场部	1856	500	不缴税
	11	0006	张静	市场部	1765	400	不缴税
	12			市场部 平均值	2291.75	500	
	13	0007	吴平世	研发部	3619	600	缴税
	14			研发部 平均值	3619	600	
	15			总计平均值	2953.75	581.25	

图 4-30　分类汇总的结果

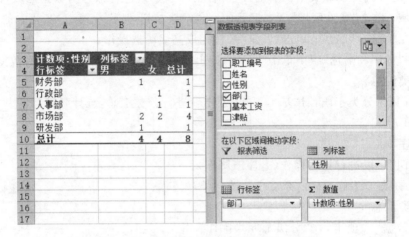

图 4-31　按部门分别统计男、女职工人数

添加到报表的字段"列表框中的"部门"字段复选项到下方的"行标签"框中；使用同样的方法，分别将"性别"字段添加到"列标签"框与"Σ数值"框中。

2）修改数据透视表

修改图 4-31 所示的数据透视表，按部门分别计算男职工基本工资的平均值、津贴的最大值及人数百分比。

（1）在图 4-31 所示"列标签"框中，使用鼠标将"性别"项拖到"行标签"框中，再将字段列表中的"基本工资""津贴"与"性别"字段分别拖进"Σ数值"框中。

（2）在"Σ数值"框中，单击上一步添加的"基本工资"项，选择打开菜单中的"值字段设置"选项，在"自定义名称"文本框中输入"平均工资"，选择"计算类型"列表中的"平均值"，单击"确定"按钮。

（3）单击"Σ数值"框中"津贴"项，选择"字段值设置"选项，在"自定义名称"文本框中输入"最大津贴"，选择"计算类型"列表中的"最大值"，单击"确定"按钮；完成操作。

（4）单击"Σ数值"框中"性别"项，选择"字段值设置"选项，在"自定义名称"文本框中输入"人数百分比"，选择"计算类型"列表中的"计数"，打开"值显示方式"选项卡，在下拉列表中选择"全部汇总百分比"选项，单击"数字格式"按钮设置"百分比"类型的"小数位数"为 0，单击"确定"按钮完成设置。

（5）单击工作表界面中"行标签"后的按钮，在"选择字段"列表中选择"性别"，然后清除默认的"全选"复选项后，勾选"男"复选项，单击"确定"按钮，得到的数据透视表如图4-32所示。

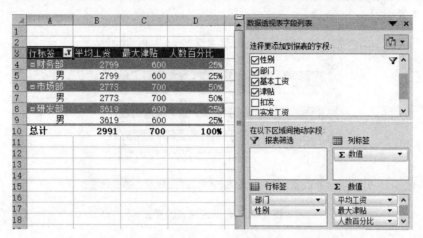

图4-32 按部门统计男职工的平均工资、最大津贴

3）设置数据透视表的样式

打开"数据透视表工具"→"设计"选项卡，在"数据透视表样式"组中，单击列表框中的"数据透视表样式中等深浅2"选项；将当前数据透视表所在的工作表名称修改为"透视表"。

提示：数据透视表的最后效果参看4.3.3节中的样张。

6. 数据分列

打开Data.xlsx工作簿的"基本信息"工作表，将其中的"姓名"列分成"姓"与"名"两列数据。

1）插入列

打开"基本信息"工作表，在"姓名"列的后面插入一列。

提示：选定"姓名"列之后的"部门"列，在选定列上右击，选择"插入"选项。

2）分列操作

选定B1:B9区域后，在"数据"选项卡中单击"分列"按钮，打开"分列"对话框向导；选择"固定宽度"单选项，单击"下一步"按钮；在"数据预览"标尺上单击需要分列的位置，如图4-33所示，单击"完成"按钮结束操作。

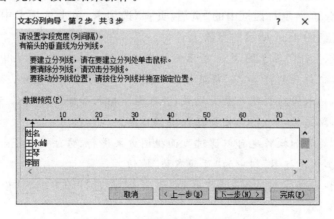

图4-33 数据预览中的分列

4.3.3 实验样张

实验样张如图 4-34 所示。

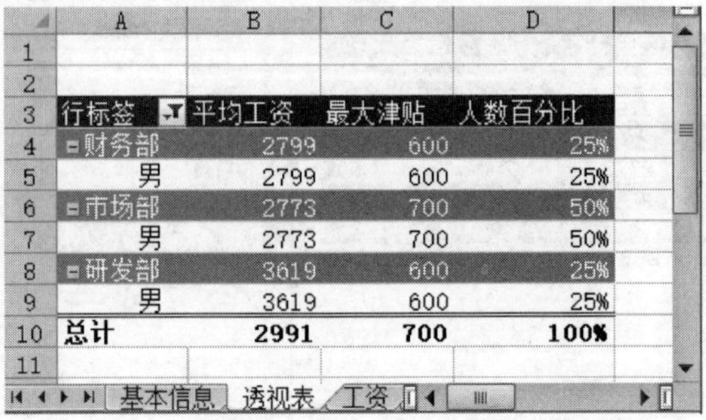

行标签 ↓	平均工资	最大津贴	人数百分比
⊟财务部	2799	600	25%
男	2799	600	25%
⊟市场部	2773	700	50%
男	2773	700	50%
⊟研发部	3619	600	25%
男	3619	600	25%
总计	2991	700	100%

基本信息　透视表　工资

图 4-34　数据透视表的样张

4.4 工作表的打印与保护

4.4.1 实验目的

(1) 熟悉工作表的打印操作。

(2) 了解对 Excel 数据的保护操作。

4.4.2 实验内容

打开实验素材文档 stud.xlsx 工作簿,进行本次实验操作。

1. 工作表的打印

1) 页面设置

(1) 打开工作簿中的"平时成绩"工作表,设置页边距参数:上下边距为 1.4、左右边距为 0.6,页脚为 0.5、页眉为 0,水平居中方式。

提示:打开"页面布局"选项卡,在"页面设置"组中单击"页边距"按钮,选择下拉菜单中的"自定义边距"选项,打开如图 4-35 所示对话框,设置相应的参数。

(2) 单击图 4-35 所示对话框中的"页眉/页脚"选项卡,单击选项卡中的"自定义页脚"按钮,打开并设置如图 4-36 所示的参数。

提示:将鼠标指针定位于图 4-36 所示对话框左边的文本框中,单击中间倒数第 3 个图标按钮,插入当前工作表的标签名;将鼠标指针定位于中间的文本框中,分别单击第 2 个与第 3 个图标按钮,插入当前页码与总页码数,并在框中输入如图所示的信息;将鼠标指针定位于右边的框中,单击第 4 个图标按钮插入当前日期。

"页眉/页脚"的添加操作也可以通过页面视图方式进行,方法是在 Excel 程序的"视图"选项卡中,单击"工作簿视图"组中的"页面布局"按钮。

(3) 单击图 4-35 所示对话框中的"页面"选项卡,设置打印方向为"横向",纸张大小为"A4"选项。

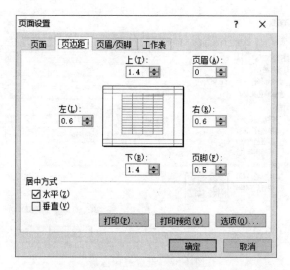

图 4-35　"页边距"设置

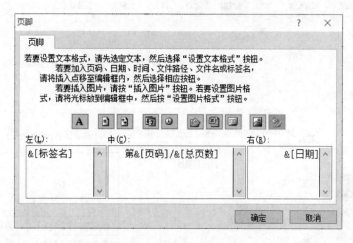

图 4-36　"自定义页脚"设置

（4）单击图 4-35 所示对话框中的"工作表"选项卡，单击"打印区域"文本框后的红色按钮，选定打印区域 A1：W48；单击"顶端标题行"文本框后的红色按钮，选择每页需要打印的标题行为 ＄1：＄5，结果如图 4-37 所示。

2）打印预览

（1）单击图 4-37 所示对话框中的"打印预览"按钮，可以打开如图 4-38 所示"打印预览"界面，查看当前设置后的打印效果。

提示：也可以通过打开 Excel 程序窗口中的"文件"菜单查看打印预览的效果，选择其中的"打印"选项即可。

（2）单击图 4-38 所示界面右下角的"显示边距"按钮与"缩放到页面"按钮，此时通过鼠标拖动预览视图中的边距线，可以调整页面打印效果。

提示：此时的预览界面中，仔细观察可以发现工作表中后面的几列数据并没有显示出来。

图 4-37　设置打印区域

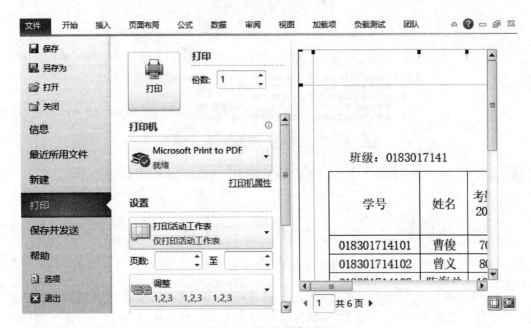

图 4-38　"打印预览"界面

3）分页预览

（1）打开"视图"选项卡，单击"工作簿视图"组中的"分页预览"按钮，打开如图 4-39 所示的"分页预览"视图。

（2）在"分页预览"视图中，蓝色实线是工作表打印的区域边界，蓝色虚线是分页位置。使用鼠标拖动蓝色实线或虚线，可以改变打印预览的效果。

提示：拖动蓝色线，使"分页预览"视图中的预览效果为：打印工作表中所有数据，分 2 页，第 2 页从"018301714126 时芳"行开始；在"视图"选项卡，设置"缩放比例"为 70%。

（3）为当前打印设置添加自定义视图"全部打印"。

提示：打开"视图"选项卡，单击"工作簿视图"组中的"自定义视图"按钮，在打开的"视

学号	姓名	考勤20%	作业30%									实验50%									平时总评	备注
			作业1	作业2	作业3	作业4	作业5	作业6	作业7	作业8	作业平均	实验1	实验2	实验3	实验4	实验5	实验6	实验7	实验8	实验平均		
018301714101	曹俊	70	80	70	60	70					70	94	100	94	0					72	71	
018301714102	曾义	80	85	85	100	100					93	94	90	100	100					96	92	
018301714103	陈海兰	100	90	100	100	100					98	100	100	100						100	99	
018301714104	陈鹏	100	100	100	100	100					100	100	100	100						100	100	
018301714105	冯斯	95	100	85	100	100					96	100	90	100	100					98	97	
018301714106	高斯	100	70	100	100	100					93	78	100							95	95	
018301714107	龚浚	100	100	100	100	100					100	100	100							100	100	
018301714108	胡冬冬	100	100	100	100	100					100	100	100							100	100	
018301714109	胡鹏飞	100	95	100	100	100					99	96	100	100						99	99	
018301714110	黄浩洋	100	100	100	100						100									100	100	
018301714111	黄宏远																					
018301714112	寅晶	100	80	100	100	100					95	86	100	100	100					97	97	
018301714113	季成	100	70	100	85	100					89	94	100	94	100					97	95	
018301714114	金鑫	90	70	70	70						78	96	100	100	100					97	90	
018301714115	李梦娜	80	100	85	85	100					93	100	90	90	100					95	91	
018301714116	李睿	70	95	100	100						95	96	90	100	100					97	91	
018301714117	李洋	100	100	100	100	100					100	100	100							100	100	
018301714118	刘婉	100	85	100	100						96	100	100							99	98	
018301714119	刘雪鹏	70	85	85	85						89	94	90	90						94	87	
018301714120	倪桥	100	85	100	85						96	94	100							99	97	
018301714121	邱丹	99	100	100	85						99	96	100							98	97	
018301714122	綦琴	100	95	100	100						99	96	100							99	99	
018301714123	饶青林	90	100	75	100						94	100	84	100						96	94	
018301714124	饶峰	100	100	100	100						100	100	100							100	100	
018301714125	盛阳迪	90	95	100	100						95	96	100	100						97	95	
018301714126	时芳	100	100	100	100						100	100	100							100	100	
018301714127	舒火睿	90	100	100	100	80					95	100	100	100	86					97	95	

图 4-39 "分页预览"视图

图管理器"对话框中,单击"添加"按钮,输入"全部打印"后单击"确定"按钮。

4) 打印工作表

在图 4-38 所示界面中,设置需要打印的份数、打印机的名称、打印的页数后,单击图 4-38 中的"打印"按钮即可完成工件表的打印操作。打印预览的效果参看 4.4.3 节中的样张。

2. Excel 数据的保护

1) 保护工作表中的单元格

打开 stud.xlsx 工作簿的"成绩 1"工作表,保护工作表中的单元格,除了备注列可以被修改外,其他所有单元格在没有授权下不能被修改或删除。

(1) 在"成绩 1"工作表中的"备注"列下,选定 O6:O48 区域,右击选定区域,选择"设置单元格格式"选项,在打开的对话框中单击"保护"选项卡,将其中"锁定"复选项前的对勾清除,单击"确定"按钮。

提示:默认情况下,所有单元格均处于保护的"锁定"状态。

(2) 在 Excel 程序窗口的"审阅"选项卡的"更改"组中单击"保护工作表"按钮,打开"保护工作表"对话框;在文本框中输入密码(例如 jkx)后,单击"确定"按钮。

提示:Excel 会弹出确认对话框,此时需将刚才输入的密码再次输入以便确认。

(3) 在"成绩 1"工作表中双击表中的单元格,可以发现 Excel 程序只允许在"备注"列下进行编辑,其他所有单元格均会提示拒绝更改。在"备注"列中,为"018301714111 黄宏远"添加"退学",为"018301714128 王芳"添加"参军"备注信息。

2) 保护整个工作表

打开 stud.xlsx 工作簿的"成绩 2"工作表,保护此工作表中的所有单元格。

提示：在 Excel 程序窗口的"审阅"选项卡的"更改"组中单击"保护工作表"按钮，打开"保护工作表"对话框；在文本框中输入密码(例如 jkx2)后，单击"确定"按钮。

3）撤销工作表"成绩 2"的保护

在 Excel 程序窗口的"审阅"选项卡的"更改"组中单击"撤销工作表保护"按钮，输入正确的密码即可撤销之前的保护操作。

4）保护工作簿

在"审阅"选项卡的"更改"组中单击"保护工作簿"按钮，按照提示输入保护的密码(例如 abc)。

提示：操作完成后，右击工作表标签，可以发现右键菜单中的"插入""删除""重命名""移动或复制"等选项均为灰色、不可选的状态；但是工作表的单元格仍然是可以进行编辑操作的，这与工作表的保护是不同的，保护工作簿的操作只是保护工作簿的窗口或者结构。

5）使用密码加密工作簿

在 Excel 程序窗口中，打开"文件"菜单，选择菜单中的"信息"项，如图 4-40 所示界面。单击其中的"保护工作簿"按钮，选择"用密码进行加密"选项；根据提示输入保护的密码(例如 hbeu)后，保存当前工作簿并退出 Excel 程序。

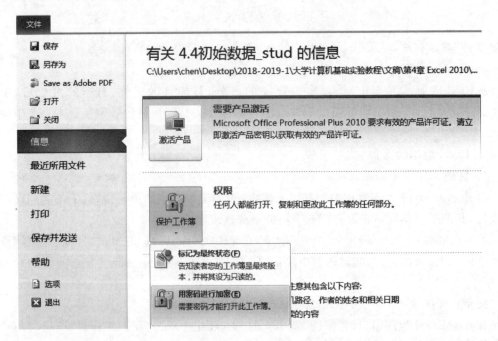

图 4-40　使用密码加密工作簿

再次打开 stud.xlsx 工作簿时，Excel 将提示输入保护的密码，如果没有正确的密码，则此工作簿将不能被打开。

4.4.3　实验样张

实验样张如图 4-41 所示。

湖北工程学院计算机学院学生平时成绩支撑表
（　2018 - 2019 学年度第　一　学期）

班级: 0183017141　　　　课程名称:　计算机网络　　　　任课教师:

学号	姓名	考勤20%	作业30%									实验50%									平时总评	备注
---	---	---	作业1	作业2	作业3	作业4	作业5	作业6	作业7	作业8	作业平均	实验1	实验2	实验3	实验4	实验5	实验6	实验7	实验8	实验平均		
018301714101	曹俊	70	80	70	60	70					70	94	100	94	0					72	71	
018301714102	曹义	80	85	85	100	100					93	94	90	100	100					96	92	
018301714103	陈海兰	100	90	100	100	100					98	100	100	100	100					100	99	
018301714104	陈娜	100	100	100	100	100					100	100	100	100	100					100	100	
018301714105	冯新	95	100	85	100	100					96	100	90	100	100					98	97	
018301714106	高娴	100	70	100	100	100					93	78	100	100	100					95	95	
018301714107	龚袁	100	100	100	100	100					100	100	100	100	100					100	100	
018301714108	胡冬冬	100	100	100	100	100					100	100	100	100	100					100	100	
018301714109	胡鹏飞	100	95	100	100	100					99	96	100	100	100					99	99	
018301714110	黄洁洋	100	100	100	100	100					100	100	100	100	100					100	100	
018301714111	黄宏远																					
018301714112	黄晶	100	80	100	100	100					95	86	100	100	100					97	97	
018301714113	季成	100	70	100	85	100					89	94	100	94	100					97	95	
018301714114	金鑫	90	70	70	70	100					78	96	100	90	100					97	90	
018301714115	李梦娜	80	100	85	85	100					93	100	90	90	100					95	91	
018301714116	李睿	70	95	85	100	100					95	96	100	90	100					97	91	
018301714117	李洋	100	100	100	100	100					100	100	100	100	100					100	100	
018301714118	刘坤	100	85	100	100	100					96	94	100	100	100					99	98	
018301714119	刘雷鹏	70	85	85	85	100					89	94	90	90	100					94	87	
018301714120	倪桥	100	85	100	100	100					96	94	100	100	100					99	98	
018301714121	邱丹	99	100	100	85	100					96	100	100	90	100					98	97	
018301714122	翟蓉	100	95	100	100	100					99	96	100	100	100					99	99	
018301714123	饶青林	90	100	75	100	100					94	100	84	100	100					96	94	
018301714124	饶彦	90	100	100	100	100					100	100	100	90	100					100	100	
018301714125	盛阳迪	90	95	100	85	100					95	96	100	90	100					97	95	

图 4-41　"打印预览"的样张

第5章 PowerPoint 2010

本章实验目标：熟练掌握 PowerPoint 2010 演示文稿与幻灯片的创建与使用方法；重点掌握幻灯片的编辑及动画设计的方法。

5.1 PowerPoint 的基本操作

5.1.1 实验目的

(1) 掌握演示文稿与幻灯片的创建与使用方法。

(2) 掌握幻灯片的多种编辑方法。

5.1.2 实验内容

1. 建立演示文稿及幻灯片

1) 创建演示文稿 Computer. pptx

启动 Microsoft PowerPoint 2010 程序，系统将新建默认名为"演示文稿 1. pptx"的空白演示文稿；通过程序窗口中的"文件"菜单、"保存"选项，将当前演示文稿保存到桌面，文件名为 Computer. pptx。

2) 新建 4 张空白幻灯片

默认演示文稿中，系统会自动新建一个空白的幻灯片，其默认版式为"标题幻灯片"。打开"开始"选项卡，在"幻灯片"组中，连续单击"新建幻灯片"按钮 4 次，新建 4 张版式默认为"标题幻灯片"的空白幻灯片。

2. 指定幻灯片的版式

1) 设置第 2 张幻灯片版式

在 PowerPoint 程序窗口左边的"幻灯片"窗格中，选定第 2 张幻灯片；打开"开始"选项卡，在"幻灯片"组中单击"版式"按钮，在打开的下拉列表中选择"标题和内容"版式。

2) 设置第 3~5 张幻灯片版式

同样的方法，选定第 3 张幻灯片，设置版式为"两栏内容"；选定第 4 张幻灯片，设置版式为"两栏内容"；选定第 5 张幻灯片，设置版式为"仅标题"。

提示：幻灯片的版式默认有 11 种，如图 5-1 所示。

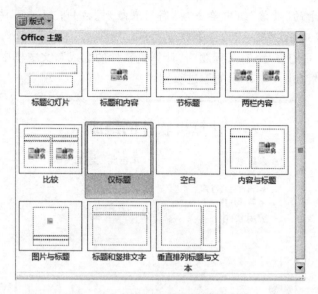

图 5-1　PowerPoint 默认的版式

3. 编辑幻灯片的内容

1）录入文字

提示：文字录入后的效果参看 5.1.3 节中的样张。

（1）在"幻灯片"窗格中选定第 1 张幻灯片，在右边的"幻灯片"内容窗格中，输入标题为
"计算机的基础介绍"、副标题为"计算机公共课部"等文字信息。

（2）同样的方法选定第 2 张幻灯片，在标题框中输入"计算机硬件的组成"、文本框中输
入如图 5-2 所示的文字内容，并设置如图 5-2 所示的缩进级别。

图 5-2　第 2 张幻灯片

提示：输入图 5-2 所示的文字信息后，使用鼠标选定从"运算器"到"输出设备"各行文字，在"开始"选项卡的"段落"组中单击"提高列表级别"按钮；通过同样的方式设置图 5-2 所示的各行缩进级别。

（3）选定第 3 张幻灯片，输入标题为"计算机软件的组成"，文本框中输入如图 5-3 所示的文字内容，并设置如图 5-3 所示的缩进级别。

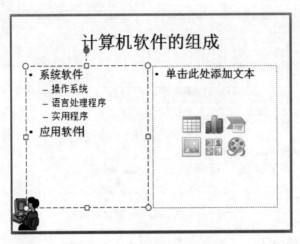

图 5-3　第 3 张幻灯片

（4）选定第 4 张幻灯片，输入标题为"计算机的发展"，文本框中输入如图 5-4 所示的文字"计算机的发展从 1946 年第一台通用电子计算机 ENIAC 开始，共经历了四个阶段，划分的依据是其使用的电子元器件。"

图 5-4　第 4 张幻灯片

（5）选定第 5 张幻灯片，输入标题为"绘制的图形"。

2）插入图片到第 1 张幻灯片

在"幻灯片"窗格中选定第 1 张幻灯片，单击"插入"选项卡中的"图片"按钮，选择 Windows 示例图片中的"郁金香"图片，并拖动图片到幻灯片的下方；打开"图片工具"→"格式"选项卡，在"大小"组中设置图片高度为 3 厘米、宽度为 3 厘米，单击"排列"组中的"对齐"

按钮,选择其中的"左右对齐"选项,效果参看5.1.3节中的样张。

　　提示:设计图片、图形或剪贴画的大小时,若其高度与宽度不能同时修改,则必须在"图片工具"→"格式"选项卡的"大小"组中单击其右下角的"大小和位置"按钮,打开如图5-5所示的"设置图片格式"对话框,清除其中的"锁定纵横比"复选项后,才能进行指定高度与宽度的同时修改。

图 5-5　"设置图片格式"对话框

　　3)插入剪贴画到第3张幻灯片

　　在"幻灯片"窗格中选定第3张幻灯片,单击"插入"选项卡中的"剪贴画"按钮,在打开的对话框中输入探索关键字computer进行搜索,将如图5-3所示的剪贴画插入到幻灯片的左下方。设置剪贴画的高度为2.5厘米、宽度为2.5厘米,位置为幻灯片的左下角,插入的效果如图5-3所示。

　　提示:设置位置时,先选定剪贴画图形,然后在"图片工具"→"格式"选项卡的"排列"组中单击"对齐"按钮,分别选择其中的"左对齐"与"底端对齐"选项。

　　4)插入图表到第3张幻灯片

　　在"幻灯片"窗格中选定第3张幻灯片,单击图5-3所示界面中第2个文本框中的第2个图标按钮,在弹出的对话框中选择"簇状柱形图"图表类型,插入默认的图表后,在自动打开的Excel工作表中输入如图5-6所示的数据后,关闭Excel程序。

　　5)插入表格到第4张幻灯片

　　在"幻灯片"窗格中选定第4张幻灯片,在如图5-4所示幻灯片中,单击第2个文本框中的第1个图标按钮,在出现的对话框中输入3列、5行,并对照表5-1输入其表格数据。

	A	B	C	D	E	F
1		XP	Win7	Win10	Other	
2	2016年	26.76%	52.52%	8.00%	12.72%	
3	2017年	18.04%	61.60%	11.12%	9.24%	
4	2018年	12.44%	62.72%	14.97%	9.87%	
5						
6						
7		若要调整图表数据区域的大小,请拖曳区域的右下角。				

图 5-6 插入图表的数据

表 5-1 计算机发展阶段

阶段	电子元器件	应　用
一	电子管	科学计算
二	晶体管	数据处理、工业控制
三	集成电路	文字处理、图形处理
四	大规模集成电路	社会的各个领域

6)插入音频到第 4 张幻灯片

在"幻灯片"窗格中选定第 4 张幻灯片,打开"插入"选项卡,单击"媒体"组中的"音频"按钮,选择"文件中的音频"选项。在打开的对话框中选择"音乐"库中的示例音乐 Kalimba.mp3,并将插入的音频图标放置到幻灯片的底部居中位置。

提示:音频图标的放置方法可参照第 3)操作中的提示方法,分别选择"对齐"列表中的"底端对齐"与"左右居中"选项;视频的插入方法与音频插入类似。

7)插入 SmartArt 图形

(1)在"幻灯片"窗格中,选定如图 5-2 所示的第 2 张幻灯片。在"幻灯片"内容窗格中选定文本框,打开"开始"选项卡,在"段落"组中单击"转换为 SmartArt"按钮;在打开的下拉列表中选择"组织结构图"项,创建"组织结构图"。

(2)在"组织结构图"中,选定"内存"节点,打开"SmartArt 工具"→"设计"选项卡,在"创建图形"组中单击"布局"按钮,在打开的列表中选择"标准"选项。

(3)使用上一步相同的方法,在"组织结构图"中,将"外存"结点的布局设置为"标准";组织结构图的最终效果如图 5-7 所示。

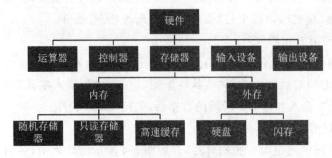

图 5-7 组织结构图最终效果

8）幻灯片的复制及移动操作

在"幻灯片"窗格中，右击最后一张幻灯片（即当前的第 5 张幻灯片），选择右键菜单中的"复制幻灯片"选项完成选定幻灯片的复制操作。在"幻灯片"窗格中，使用鼠标左键，将新幻灯片拖放到第 1 张与第 2 张幻灯片之间的位置，完成新建幻灯片的移动操作；并将第 2 张幻灯片的标题修改为"目录"。

提示：此操作完成后，新复制的幻灯片将成为第 2 张幻灯片，当前演示文稿中将有 6 张幻灯片；幻灯片的删除操作也可以通过同样的右键菜单完成。

9）插入目录

（1）选定上一步新建的第 2 张幻灯片，在"插入"选项卡的"插图"组中单击 SmartArt 按钮，打开"选择 SmartArt 图形"对话框。在对话框中选择"列表"类中的"垂直曲线列表"选项，单击"确定"按钮插入选定的 SmartArt 图形。

（2）打开"SmartArt 工具"→"设计"选项卡，在"创建图形"组中单击"文本窗格"按钮，打开 SmartArt 图形对应的文本窗格，并在打开的文本窗格中输入后面 4 张幻灯片的标题，输入完成后的效果如图 5-8 所示。

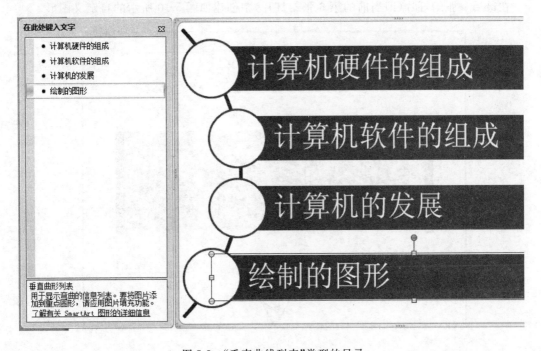

图 5-8 "垂直曲线列表"类型的目录

（3）在图 5-8 所示界面中，右击第 1 栏的"计算机硬件的组成"框，选择右键菜单中的"超链接"选项，打开如图 5-9 所示"编辑超链接"对话框。单击对话框中的"本文档中的位置"按钮，并选择"3.计算机硬件的组成"项，单击"确定"完成超链接的设置。

（4）使用同样的方法为图 5-8 所示界面中的后 3 栏设置类似的超链接，分别指向对应的幻灯片。

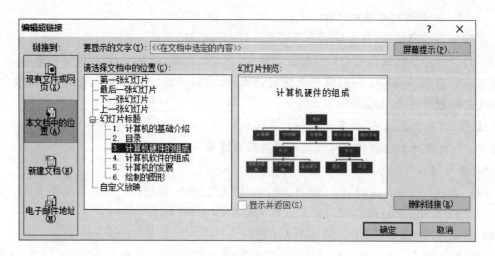

图 5-9 "编辑超链接"对话框

4. 图形的创建

在最后一张幻灯片（即当前的第 6 张幻灯片）中创建如图 5-10 所示的自定义图形。

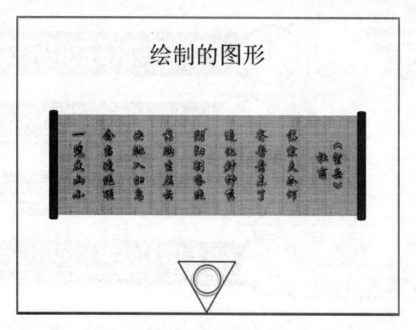

图 5-10 自定义的图形

1) 插入"矩形"形状

（1）选定最后一张幻灯片，在"插入"选项卡的"插图"组中单击"形状"按钮，在打开的"形状"列表中选择"矩形"项，并在幻灯片中拖出矩形形状。

（2）在"绘图工具"→"格式"选项卡中，设置"矩形"图形的高度为 6.5 厘米、宽度为 20 厘米，对应方式为"左右居中""上下居中"；"形状填充"列表中选择"纹理""纸莎草纸"项，"形状轮廓"列表中选择"无轮廓"项。

2）添加文字到"矩形"图形中

（1）选定"矩形"图形，在"开始"选项卡中，设置"字体"为"华文行楷"、字号为24，文字方向为"竖排"，对齐文本为"居中"。

（2）在"绘图工具"→"格式"选项卡的"艺术字样式"组中，打开"艺术字"列表框，在"应用于形状中的所有文字"组中，选择"填充-红色，强调文字颜色2，粗糙棱台"选项。

（3）右击"矩形"图形，选择"编辑文字"选项，输入如图5-10所示的文字内容。

提示：文字内容为杜甫的《望岳》。

3）插入"圆柱形"形状

（1）在"插入"选项卡的"插图"组中单击"形状"按钮，在打开的"形状"列表中单击"基本形状"组中的"圆柱形"项，并在幻灯片中拖出圆柱形状。

（2）打开"绘图工具"→"格式"选项卡，在"形状样式"组中打开"形状样式"列表框，选择"彩色填充-红色，强调颜色2"项。

（3）在"绘图工具"→"格式"选项卡中，设置此图形的高度为7厘米、宽度为0.5厘米，对应方式为"上下居中"。

（4）将创建的"圆柱形"形状复制、粘贴一份，并将这两个圆柱形分列在"矩形"图形两侧，效果如图5-10所示。

4）创建"同心圆"与"三角形"形状的组合图形

（1）在"插入"选项卡的"插图"组中单击"形状"按钮，在打开的"形状"列表中单击"基本形状"组中的"同心圆"项，并在幻灯片中拖出同心圆形状。

（2）设置"同心圆"形状的高度与宽度均为2厘米，"形状样式"列表框中选择"浅色1轮廓，彩色填充-蓝色，强调颜色1"项；"形状效果"列表中选择"棱台"中的"圆"。

（3）在"插入"选项卡的"插图"组中单击"形状"按钮，在打开的"形状"列表中单击"基本形状"组中的"三角形"项，并按住Shift键在幻灯片中拖出等边三角形形状。

（4）在"绘图工具"→"格式"选项卡中，设置三角形的"形状填充"为"无填充颜色"，"形状轮廓"为"红色"。调整三角形的大小及位置，使"同心圆"外接正"三角形"，效果如图5-10所示。

提示：调整正"三角形"的大小时，可以先按住Shift键，再使用鼠标进行拖放，改变形状的大小；移动正"三角形"位置时，可以先按住Ctrl键，再使用键盘的方向控制键进行精确移动。

（5）同时选定创建的"同心圆"与"三角形"形状，右击选定对象，并选择右键菜单中的"组合"；在"绘图工具"→"格式"选项卡的"排列"组中单击"旋转"按钮，并选择"垂直翻转"项；对齐方式设置为"底端对齐""左右居中"。

提示：选定多个对象时，可先按住Ctrl键，然后再通过鼠标依次点击需要选定的对象。

5.1.3　实验样张

实验样张如图5-11所示。

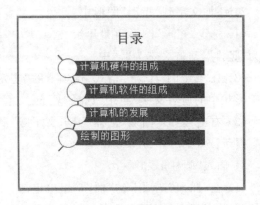

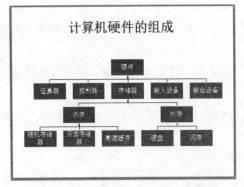

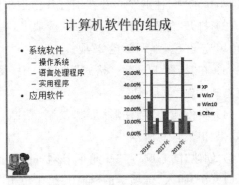

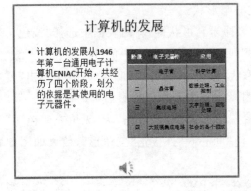

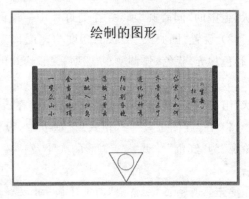

图 5-11　6 张幻灯片的样张

5.2　演示文稿的设计

5.2.1　实验目的

（1）掌握设置演示文稿外观的方法。

（2）掌握设计幻灯片动画的方法。

（3）掌握演示文稿放映的方法。

5.2.2 实验内容

1. 演示文稿外观的设置

1) 应用设计主题的设置

(1) 打开 5.1 节中创建的演示文稿 Computer. pptx,将其另存为 Design. pptx。

(2) 打开"设计"选项卡,在"主题"组中打开"主题"列表框,单击其中内置的主题"平衡"项,并观察演示文稿中幻灯片的变化。

提示:此操作完成后,演示文稿的所有幻灯片均将使用相同的主题风格;但如果只需对当前选定幻灯片进行主题设置,则右击需要选择的主题名称,选择右键菜单中的"应用于选定幻灯片"选项。

2) 幻灯片母版的操作

(1) 打开"视图"选项卡,在"母版"组中单击"幻灯片母版"按钮,进入幻灯片母版视图。在左边的母版窗格中,选定第一项"幻灯片母版",并在其右边的内容窗格中,将视图中的圆角方框线删除;打开"幻灯片母版"选项卡,单击其中的"关闭母版视图"按钮,回到幻灯片视图中,观察演示文稿中幻灯片的变化。

提示:"平衡"主题中,每张幻灯片均有一个圆角方框线,此步操作通过幻灯片母版实现对圆角方框线的批量删除(标题幻灯片版式除外)。

(2) 再次进入"幻灯片母版"视图,在母版窗格中选定"仅标题版式"项,在其内容窗格中右击标题文本框,选择"设置形状格式"选项,打开如图 5-12 所示的对话框。在其中选择"填充"中的"渐变填充"单选项,在"预设颜色"中选择"雨后初晴","类型"选择"矩形","方向"选择"中心辐射",在"渐变光圈"下,设置第 2 个"停止点"的位置为 20%、第 3 个"停止点"的位置为 50%,单击"关闭"按钮结束设置。

图 5-12 "设置形状格式"对话框

提示：此时观察演示文稿，可以发现第2张与第6张幻灯片的标题框外观与其他幻灯片明显不同，这两张幻灯片的版式都为"仅标题"版式。

3）幻灯片背景的设置

选定第3张幻灯片（即标题为"计算机硬件的组成"的幻灯片），在其内容窗格的空白处右击。选择右键菜单中的"设置背景格式"选项，打开如图5-13所示的对话框。选择"填充"下的"图片或纹理填充"选项，勾选"隐藏背景图形"复选项，单击"纹理"按钮，选择其中的"蓝色面巾纸"选项，单击"关闭"按钮结束当前背景格式的设置。

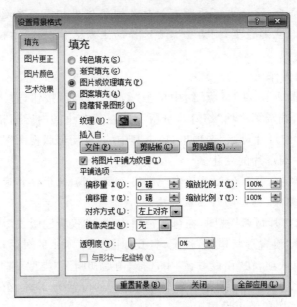

图5-13　"设置背景格式"对话框

提示：在图5-13所示对话框中勾选"隐藏背景图形"复选项的原因，是由于幻灯片母版已经为每一张幻灯片设置了默认的背景图形，如果不进行隐藏操作，则本次操作完成后将看不到预期的背景设置结果；对话框右下方的"全部应用"按钮用于将当前设置的背景格式参数应用到演示文稿中的所有幻灯片。

2. 幻灯片的动画设计

1）设置幻灯片的切换效果

打开"切换"选项卡，选择其中的"随机线条"选项，单击"全部应用"按钮；打开"幻灯片放映"选项卡，单击"从头开始"按钮，并观察每张幻灯片切换的效果。

提示：如果设置切换效果后，没有单击"全部应用"按钮，则此切换效果只针对当前幻灯片的切换有效。

2）设置动作按钮

在第5张幻灯片中，创建返回"目录"幻灯片的动作按钮。

提示：在"插入"选项卡中单击"形状"按钮，选择"动作按钮"组中的"自定义"项，并在幻灯片中拖放出动作按钮。在弹出的对话框中选择"超链接到"选项，打开下拉列表，选择"幻灯片"、第2张"目录"；设置其"形状效果"为"预设"级联菜单中的"预设2"，并输入文字"目录"。

3) 动画设计

在第 6 张幻灯片中,设计从 5 开始的倒数计时动画、横向卷轴展开的动画,设计控制动画运行、隐藏、显示的按钮。

(1) 打开第 6 张幻灯片,分别插入"圆角矩形""棱形""平行四边形"3 个不同的形状,并分别在这 3 个形状中输入文字"运行""隐藏""显示"。

提示: 在这里使用 3 个不同的形状是为了方便后面进行动画设计中的"触发"设置。

(2) 将幻灯片中组合的图形(三角形与同心圆)复制、粘贴一份,并在新的图形中输入数字 5,设置其字体为"黑体"、字号为 36;并垂直翻转,将此组合图形再次复制、粘贴 4 次,分别依次修改其中的文字为 4、3、2、1。选定标有文字 5 的组合图形,打开"动画"选项卡,在"动画"列表框中,单击其中的"出现"动画选项。在"动画"选项卡的右边,通过如图 5-14 所示的界面设置:"触发"为"单击""圆角矩形","开始"列表为"与上一动画同时","持续时间"为 0.5、"延迟"为 0。

(3) 单击图 5-14 所示界面中的"动画窗格"按钮,在程序窗口的右边将打开动画窗格;单击图 5-14 所示界面中的"添加动画"按钮,选择"消失"项。在动画窗格中,将新添加的"消失"项拖动到前一个动画的后面,如图 5-15 所示的动画窗格。设置此动画的"开始"列表为"与上一动画同时","持续时间"为 0.5、"延迟"为 0.5。

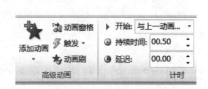

图 5-14 "动画"选项卡中的功能界面

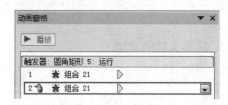

图 5-15 "动画窗格"界面

(4) 选定标有文字 4 的组合图形,设置"出现"动画效果。在"动画窗格"中,将新添加的动画效果项拖动到前一个动画的后面,并设置此动画的"开始"列表为"与上一动画同时","持续时间"为 0.5、"延迟"为 1;为当前组合图形继续添加"消失"动画效果,并在动画窗格中将其拖动到最后,同样设置此动画的"开始"列表为"与上一动画同时","持续时间"为 0.5、"延迟"为 1.5。

(5) 使用同样的方法,为标为文字 3、2、1 的组合图形分别添加"出现""消失"动画效果,并在动画窗格中,依次排列添加的动画;同时设置动画的"开始"列表为"与上一动画同时","持续时间"为 0.5;"延迟"分别为 2、2.5、3、3.5、4、4.5;同时选定幻灯片中的 6 个组合图形,设置"底端对齐""左右居中"对齐,对齐效果参看 5.2.3 节中的样张。

(6) 选定幻灯片中的"矩形"图形,添加"擦除"动画,"效果选项"选择"自右侧",在动画窗格中,将添加的动画拖动到前一个动画的后面,并设置此动画的"开始"列表为"与上一动画同时","持续时间"为 4.25、"延迟"为 5.75;同时选定幻灯片中的两个"圆柱形"图形,添加"出现"动画,并在"动画窗格"中将添加的动画拖动到前一个动画的后面,设置动画的"开始"列表为"与上一动画同时","延迟"为 5.0。

(7) 单独选定幻灯片左边的"圆柱形"图形,单击图 5-14 所示界面中的"添加动画"按钮,选择"动作路径"中的"直线"项,"效果选项"选择"靠左",将显示的"动作路径"中的绿色三角形标记拖动到右边"圆柱形"图形的正中位置、红色标记的三角形拖动到左边"圆柱形"图形的正中位置。在"动画窗格"中,将添加的动画拖动到前一个动画的后面,设置动画的"开始"列表为"与上一动画同时","持续时间"为 4.75、"延迟"为 5.0。

(8) 选定"矩形"图形,单击图 5-14 所示界面中的"添加动画"按钮,选择"退出"中的"消失"动画,"触发"中选择"单击""菱形";同时选定幻灯片中的两个"圆柱形"图形,添加"消失"动画,设置动画的"开始"列表为"与上一动画同时";将新添加的 3 个动画拖动到动画窗格的最后。

(9) 再次选定"矩形"图形,单击图 5-14 所示界面中的"添加动画"按钮,选择"进入"中的"出现"动画,"触发"中选择"单击""平行四边形";同时选定幻灯片中的两个"圆柱形"图形,添加"出现"动画,设置动画的"开始"列表为"与上一动画同时";将新添加的 3 个动画拖动到动画窗格的最后。

(10) 单击"幻灯片放映"选项卡中的"从当前幻灯片开始"按钮,观察上面设计的动画效果。

提示:动画设计的最终效果是单击"运行"图形后,演示从 5 开始倒数计时的动画,然后横向卷轴从右向左展开;单击"隐藏"图形后,横向卷轴消失;单击"显示"图形后,横向卷轴再次出现。最终动画窗格内容如图 5-16 所示,幻灯片动画设计结果见 5.2.3 节中的样张。

3. 演示文稿的放映

1) 排练计时

打开"幻灯片放映"选项卡,单击"设置"组中的"排练计时"按钮,进行演示文稿放映的排练,结束后单击"是"按钮保存排练的时间。

提示:完成"排练计时"操作后,演示文稿的放映将自动使用排练的时间进行播放。

2) 设置幻灯片放映方式

打开"幻灯片放映"选项卡,单击"设置"组中的"设置幻灯片放映"按钮,打开如图 5-17 所示的对话框,单击"换片方式"组中的"手动"单选项,单击"确定"按钮结束设置。再次放映当前演示文稿,并观察与上一步操作中的不同。

3) 自定义放映

(1) 打开"幻灯片放映"选项卡,单击"开始放映幻灯片"组中的"自定义幻灯片放映"按钮,在弹出的对话框中单击"新建"按钮,打开如图 5-18 所示的"定义自定义放映"对话框。在"幻灯片放映名称"中输入"简单"两字,将演示文稿中的第 1、2、5、6 张幻灯片添加到右边的自定义列表中,单击"确定"按钮完成设置。

提示:按住 Ctrl 键分别选定图 5-18 所示界面左边列表中的第 1、2、5、6 张幻灯片,然后单击图 5-18 所示界面中的"添加"按钮,可以将选定的放映幻灯片添加到自定义放映列表中。

(2) 打开"幻灯片放映"选项卡,单击"开始放映幻灯片"组中的"自定义幻灯片放映"按钮,选择"简单",观察此时演示文稿放映内容的变化。

4) 演示文稿的打包

(1) 打开 PowerPoint 程序窗口的"文件"菜单,选择其中的"保存并发送"级联菜单,单

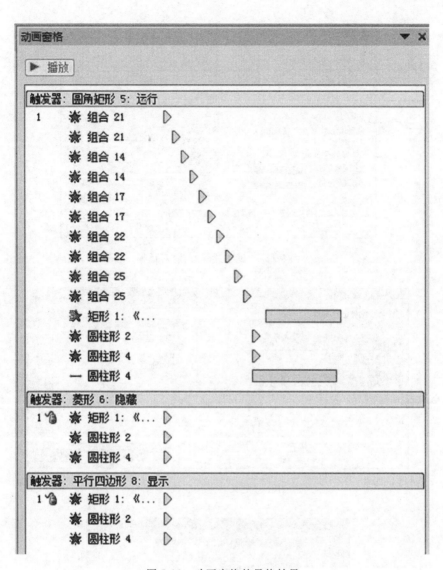

图 5-16 动画窗格的最终结果

击其中的"将演示文稿打包成 CD"选项，接着单击"打包成 CD"按钮，打开如图 5-19 所示的对话框；"将 CD 命名为"修改为 MyDesign，单击"复制到文件夹"按钮，根据提示信息保存到桌面并完成操作。

提示：此时桌面上将生成一个包含演示文稿文件、链接或嵌入项目等内容的文件夹 MyDesign，使用此文件夹的内容，可以保证在不同的计算机上进行演示文稿的正常放映。

（2）打开 PowerPoint 程序窗口的"文件"菜单，选择其中的"保存并发送"级联菜单，单击其中的"创建视频"选项，单击"创建视频"按钮，将视频保存到桌面，文件名为 Design。

提示：此操作将创建当前演示文稿正常放映的视频文件，时间稍长，请耐心等待操作完成；使用此视频文件，可以在没有安装 PowerPoint 软件的计算机上进行演示文稿的放映。

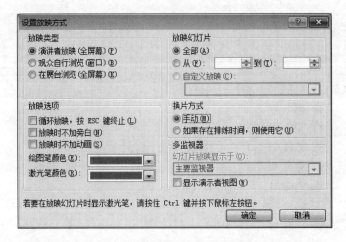

图 5-17 "设置放映方式"对话框

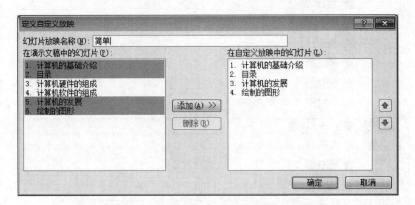

图 5-18 "定义自定义放映"对话框

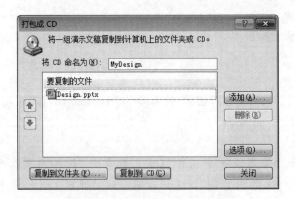

图 5-19 "打包成 CD"对话框

5.2.3 实验样张

实验样张如图 5-20 所示。

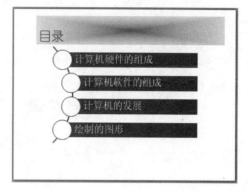

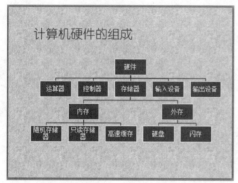

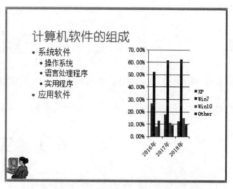

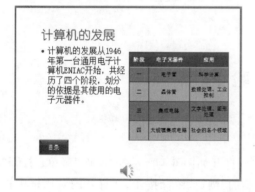

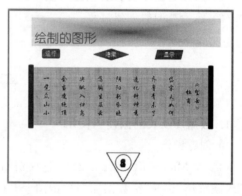

图 5-20　最终样张

第6章 Access 2010数据库

本章实验目标：掌握 Access 2010 数据库的创建，以及在其应用中使用到的各种基本操作方法。

6.1 实 验 目 的

（1）熟悉数据库及表的创建与使用。

（2）熟悉查询的创建过程。

（3）了解窗体的设计。

6.2 实 验 内 容

1. 数据库及表的创建与使用

1）创建操作

（1）在 Microsoft Access 2010 程序窗口中，打开如图 6-1 所示的"文件"菜单；打开"新建"级联菜单，选择"空数据库"，单击图 6-1 右侧的"浏览"图标按钮，在打开的对话框中选择保存位置为"桌面"、数据库文件名为 staff；单击"创建"按钮，打开如图 6-2 所示的 Access 程序窗口。

提示：数据库文件创建成功后，Access 程序会自动在程序窗口中创建一个默认表"表1"；图 6-2 中显示的"表1"选项卡界面为"数据表视图"界面。

（2）右击图 6-2 所示窗口中的"表1"选项卡，选择"保存"选项，在弹出的对话框中输入"基本信息"后，单击"确定"按钮将默认表的名称修改为"基本信息"。

（3）打开图 6-2 所示窗口中的"创建"选项卡，单击其中的"表"按钮，Access 同样会自动创建名为"表1"的默认表，使用上一步的操作方法，将新建的"表1"保存为"年薪"；使用同样的方法，创建名为"2018 年销售额"的默认表；新建成功后的窗口如图 6-3 所示。右击图 6-3 所示的"基本信息"选项卡，选择右键菜单中的"全部关闭"选项关闭打开的各种表。

提示：此时在当前数据库 staff 中，创建了 3 个表：基本信息，年薪，2018 年销售额。

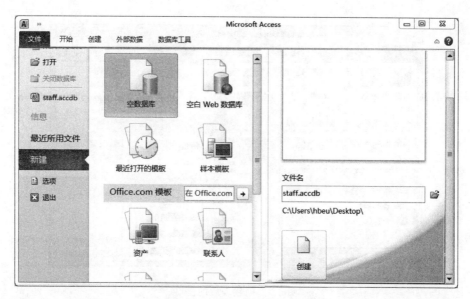

图 6-1　Access 的"文件"菜单

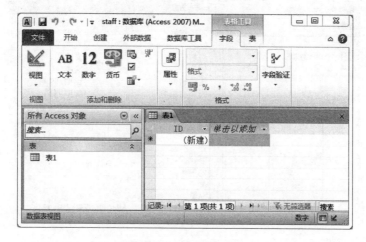

图 6-2　Access 程序窗口

（4）在图 6-3 所示窗口左边的导航窗格中，右击"基本信息"表项，选择右键菜单中的"设计视图"，打开如图 6-4 所示的"设计视图"界面，并按照表 6-1 所示的内容建立其表结构。

表 6-1　"基本信息"表的结构

字段名称	字段类型	字段长度	说明
职工编号	文本	4	主键
姓名	文本	4	
身份证号	文本	18	限定 1948 年后
部门	文本	10	值列表
工作时间	日期/时间		短日期
照片	OLE 对象		

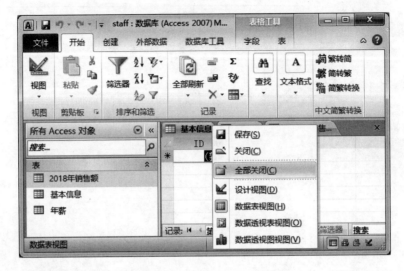

图 6-3　创建表后的窗口

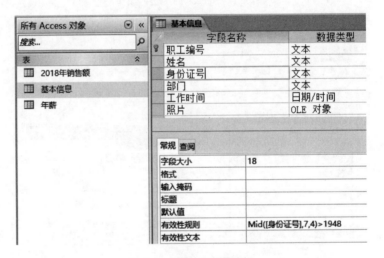

图 6-4　"设计视图"界面

提示：设计"基本信息"表的"职工编号"字段时，必须确保此字段为"主键"字段，若此字段名的前面没有钥匙状的图标，则表示不是"主键"字段，需要右击"职工编号"字段，选择"主键"选项设置为"主键"字段。

设计其"身份证号"字段时，需要在字段下方的"常规"选项卡中的"有效性规则"中输入"Mid([身份证号],7,4)＞1948"，如图 6-4 所示。

在设计"部门"字段时，打开其下方的"查阅"选项卡，在"显示控件"列表中选择"组合框""行来源类型"列表中选择"值列表"，在"行来源"中输入"行政部;人事部;市场部;研发部;财务部"（注意其中的分号";"为英文分号），如图 6-5 所示。

设计"工作时间"字段时，在其下方的"常规"选项卡的"格式"列表中选择"短日期"选项。

（5）设计"年薪"表的结构如表 6-2 所示。

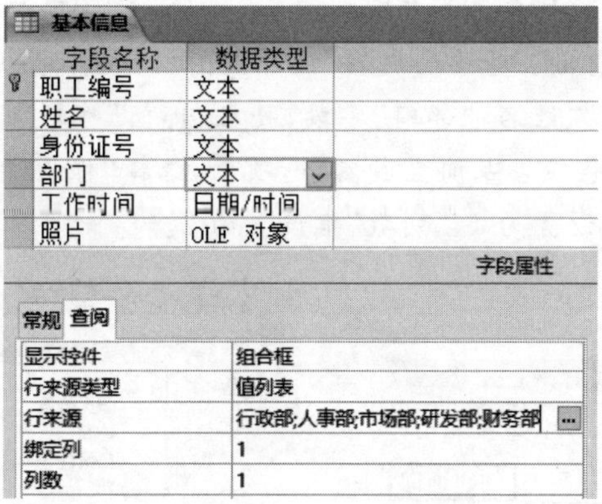

图 6-5 "基本信息"表设计视图

表 6-2 "年薪表"表结构

字段名称	字段类型	字段长度
职工编号	文本	4
年薪	货币	

提示：设计"年薪"表的"职工编号"字段时，打开字段下方的"查阅"选项卡，在"显示控件"列表中选择"组合框"选项、"行来源类型"列表中选择"表/查询"选项、"行来源"列表中选择"基本信息"选项，"绑定列"框设置为 1、"列数"框设置为 2，最后的设置结果如图 6-6 所示。

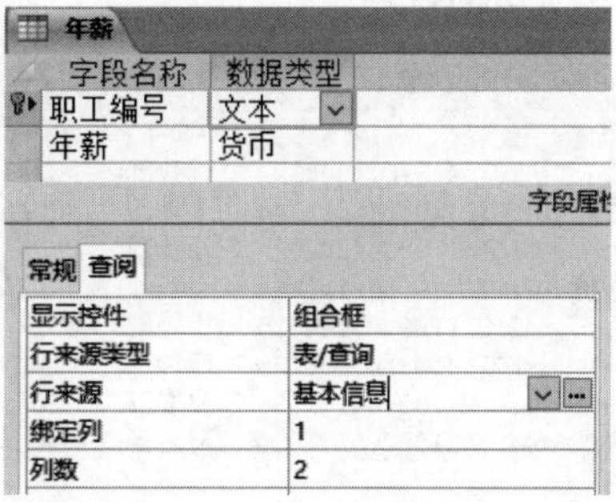

图 6-6 "年薪"表的设计视图

设计"年薪"字段时，在其"常规"选项卡下的"小数位数"选择 0。

（6）设计"2018 年销售额"表的结构如表 6-3 所示。

表 6-3 "2018 年销售额"表的结构

字段名称	字段类型	字段长度
职工编号	文本	4
销售金额	货币	

提示：设计"2018 年销售额"表的"职工编号"字段时，打开字段下方的"查阅"选项卡，如图 6-7 所示。在"显示控件"列表中选择"组合框"选项、"行来源类型"列表中选择"表/查

询"选项,选择"行来源"下拉列表中的"基本信息"选项,然后单击"创建查询"按钮,打开如图 6-8 所示的"2018 年销售额:查询生成器"设计视图。在图 6-8 所示界面中,分别双击"基本信息"表中的"职工编号""姓名""部门"字段,并在"部门"字段下的"条件"组中输入"市场部",最后右击"2018 年销售额:查询生成器"选项卡,选择"保存"并关闭此视图,返回图 6-7 所示界面。将"绑定列"框设置为 1、"列数"框设置为 2。

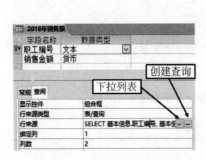

图 6-7   "2018 年销售额"表的设计视图   图 6-8   "2018 年销售额"表中创建的查询

设计"销售金额"字段时,将其"常规"选项卡中的"小数位数"设置为 2。

表结构的字段设计完成后,通过右击图 6-7 所示的"2018 年销售额"选项卡,选择"保存"选项保存表结构,再次右击"2018 年销售额"选项卡,选择"全部关闭"选项,关闭所有打开的选项卡。

(7) 在如图 6-3 所示窗口的导航窗格中,双击"基本信息"表项,打开"基本信息"表的"数据表视图",并输入如图 6-9 所示的数据。

职工编号 ▾	姓名 ▾	身份证号 ▾	部门 ▾	工作时间 ▾	照片 ▾
1001	王琴	420704197011066122	行政部	2015/9/1	itmap Image
1002	李丽	420121198203311186	人事部	2015/9/1	itmap Image
1003	陈壮	110101199804208999X	市场部	2015/9/30	itmap Image
1004	吴丽娟	210300199511116504	市场部	2016/5/1	itmap Image
1005	陈浩	421321199407144515	市场部	2017/12/1	itmap Image
1006	张静	370784198109196226	市场部	2018/7/3	itmap Image
1007	吴平世	420527199704172633	研发部	2016/1/1	itmap Image
1008	王永峰	440501199303231030	财务部	2015/9/1	itmap Image

图 6-9   "基本信息"表的数据记录

提示:输入的"身份证号"内容必须符合表设计中的有效性规则,即 1948 年以后的人员才能录入。

输入"部门"字段的数据时,直接使用鼠标单击下拉列表,在下拉列表中选取即可。

"工作时间"字段的数据可以直接键盘输入,也可以通过鼠标点击字段后出现的"日期与时间"图标按钮输入。

在输入"照片"字段的图片时,必须右击该字段,在出现的右键菜单中选择"插入对象"选项,打开如图 6-10 所示的对话框。选择"新建"列表中的 Bitmap Image 项,单击"确定"按钮,可以打开如图 6-11 所示的"画图"程序窗口。在图 6-11 中单击"粘贴"图标按钮将系统剪贴板中的图片粘贴到画图中,或单击"粘贴"按钮下方的▼按钮,选择"粘贴来源"选项,将系统中的图片文件粘贴到画图中,编辑完成后,保存并关闭"画图"程序可返回 Access 程序窗口。

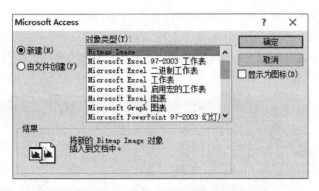

图 6-10 "插入对象"对话框

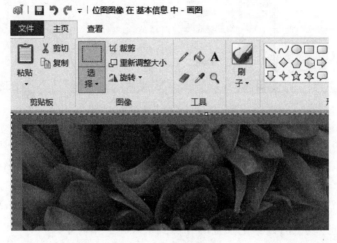

图 6-11 编辑图像

（8）在"年薪"表中输入如图 6-12 所示的数据；在"2018 年销售额"表中输入如图 6-13 所示的数据。

年薪	
职工编号	年薪
1001	¥150,000
1002	¥80,000
1003	¥100,000
1004	¥80,000
1005	¥65,000
1006	¥70,000
1007	¥60,000
1008	¥60,000

图 6-12 "年薪"表的数据记录

职工编号	销售金额	单击以
1003	¥2,000,000.00	
1004	¥1,000,000.00	
1005	¥800,000.00	
1006	¥500,000.00	

图 6-13 "2018 年销售额"表的数据记录

提示：在输入"职工编号"字段的数据时，可使用鼠标在下拉列表中直接选取。

2）其他操作

（1）在图 6-2 所示窗口中，单击标题栏最左边的"保存"按钮，保存当前数据库文件。打开如图 6-1 所示的"文件"菜单，选择其中的"数据库另存为"选项，将当前数据库文件另存到桌面，文件名为 other.accdb。

（2）双击导航窗格中的"基本信息"表项，打开"基本信息"表的"数据表视图"，查看其中的数据记录是否完整。右击记录行前的小方块，打开如图 6-14 所示的右键菜单，选择"新记录"选项，并输入新的数据分别为"1009、李四、420101198505093211、市场部、2018-9-1"；保存并关闭"基本信息"表。

图 6-14　数据记录的操作

（3）右击图 6-14 导航窗格中的"2018 年销售额"表项，选择"复制"选项；在导航窗格的空白处右击，选择"粘贴"选项；在打开的"粘贴表方式"对话框中，将"表名称"修改为"2019年销售额"，选择"仅结构"单选项，单击"确定"按钮完成表的复制操作。

（4）右击图 6-14 导航窗格中的"基本信息"表项，依次选择右键菜单中的"导出"→Excel选项，将"基本信息"表中的数据记录全部导出到 Excel 工作簿中。

（5）删除"基本信息"表中新建的记录（职工编号为 1009）。

提示：打开"基本信息"表，右击记录行前面的小方块，选择如图 6-14 所示右键菜单中的"删除记录"选项。

2. 创建查询

1）简单查询

查询所有男职工的全部基本信息操作如下。

（1）单击"创建"选项卡中的"查询设计"按钮，在打开的"显示表"对话框中双击"基本信息"表后，单击"关闭"按钮，打开如图 6-15 所示的"查询 1"设计视图。

（2）在图 6-15 所示表格的各列中，分别选择"职工编号""姓名""身份证号""部门""工作时间"字段，并勾选"显示"行的对勾"☑"，在"身份证号"字段下的"条件"组中输入"Val（Mid（[身份证号],17,1）) Mod "2"="1""。在 Access 程序窗口中的"设计"选项卡中单击"运行"按钮进行查询，得到"查询 1"的数据表视图；右击"查询 1"选项卡，选择"保存"选项，将"查询 1"保存为"男职工"，操作的结果如图 6-16 所示。

2）复杂查询

查询 2018 年销售额大于 50 万元的职工基本信息（包括职工编号、姓名、销售金额、年薪）。查询结果参看 6.3 节中的样张一。

（1）单击"创建"选项卡中的"查询设计"按钮，在打开的"显示表"对话框中，双击"基本

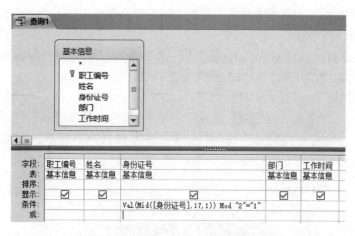

图 6-15　查询所有男职工的基本信息

信息"表、"2018 年销售额"表与"年薪"表后，单击"关闭"按钮，打开如图 6-17 所示的"查询1"设计视图。

图 6-16　男职工的查询结果

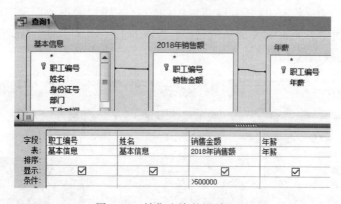

图 6-17　销售查询的设计视图

（2）使用鼠标拖动"基本信息"表中的"职工编号"项到"2018 销售额"表中的"职工编号"，建立如图 6-17 所示的"联接"；用同样的方法，建立"2018 销售额"表中的"职工编号"项与"年薪"表中的"职工编号"之间的"联接"。

（3）分别双击图 6-17 所示 3 个表中的"职工编号""姓名""销售金额""年薪"4 个字段项，并在"销售金额"列的"条件"组中输入"＞500000"；在"设计"选项卡中单击"运行"按钮进行查询,得到"查询 1"的数据表视图;右击"查询 1"选项卡,选择"保存"选项,将"查询 1"保存为"销售查询"。

(4)关闭所有打开的视图选项卡,修改"2018 销售额"表中的"销售金额"字段数据后,在导航窗格中双击"销售查询"项,查看查询结果是否正确。

3. 窗体的设计

(1)在 Access 程序窗口的"创建"选项卡中单击"窗体向导"按钮,打开如图 6-18 所示的对话框向导。选择"表/查询"下拉列表中的"表:基本信息"选项,单击 ≫ 按钮将全部字段选定,单击"下一步"按钮。

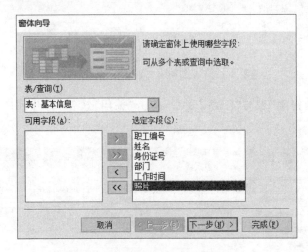

图 6-18 "窗体向导"对话框

(2)在对话框中选择"纵栏表"单选项,单击"下一步"按钮。在出现的文本框中输入"职工",选择"修改窗体设计"单选项,单击"完成"按钮,打开"职工"窗体的设计视图。

(3)右击"职工"选项卡,选择右键菜单中的"布局视图"选项,打开如图 6-19 所示的布局视图;调整视图中各元素的大小及位置;右击图 6-19 图中的"职工"选项卡,选择"保存"后,将所有打开的视图选项卡关闭。

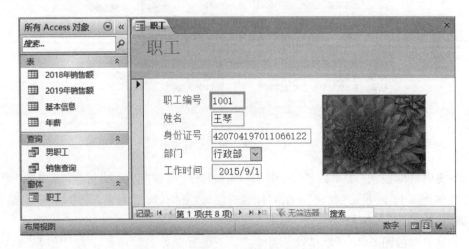

图 6-19 "职工"窗体的"布局视图"

（4）在 Access 程序窗口的导航窗格中双击"职工"窗体，查看打开的窗体效果；在打开的"职工"窗体视图中浏览"基本信息"表的各项记录数据。"职工"窗体的浏览结果参看 6.3 节中的样张二。

6.3 实 验 样 张

实验样张如图 6-20 和图 6-21 所示。

职工编号 ▾	姓名 ▾	销售金额 ▾	年薪 ▾
1003	陈壮	¥2,000,000.00	¥100,000
1004	吴丽娟	¥1,200,000.00	¥80,000
1005	陈浩	¥800,000.00	¥65,000
*			

图 6-20 "销售查询"样张一

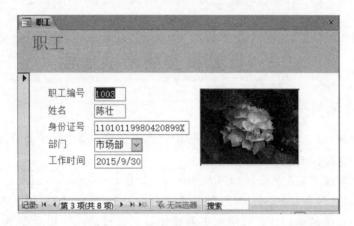

图 6-21 "职工窗体"浏览样张二

第7章 等级考试模拟实验

本章实验目标：熟悉计算机等级考试中常见的操作题题型，掌握这些实验操作的一般方法与技巧。

7.1 计算机类的考试指导

7.1.1 考试说明

目前能够反映"计算机基础及应用"课程学习水平的考试，主要有全国计算机等级考试一级 MS Office 及课程结束后的期末考核。

全国计算机等级考试(National Computer Rank Examination，NCRE)，于 1994 年经原国家教育委员会(现教育部)批准，由教育部考试中心主办，面向社会，用于考察应试人员计算机应用知识与技能的全国性计算机水平考试体系。其目的在于以考促学，向社会推广和普及计算机知识，也为用人部门录用和考核工作人员提供统一、客观、公正的标准。目前等级考试共分为四个不同的等级，其中的一级 MS Office 非常适合学习"计算机基础及应用"课程的大学生报考。

作为高校的一门公共学分课，"计算机基础及应用"课程教学结束后，也会举行期末考核。此课程的期末考核一般采用计算机在线考试的形式，其形式与内容类似全国计算机等级考试一级 MS Office，但其试题难度相对而言较低。

7.1.2 考试内容

全国计算机等级考试一级 MS Office 的考试时间定为 90 分钟，由计算机考试系统自动计时，并会提前 5 分钟提醒考生及时保存操作的内容，考试时间用完后，计算机考试系统会自动锁定计算机，考生将不能继续答题。考试共有六种题型：计算机基础(选择题)20 分、Windows 基本操作 10 分、Internet 网络使用 10 分、MS Office 文字软件的使用 25 分、MS Office 表格软件的使用 20 分、MS Office 演示软件的使用 15 分，满分为 100 分，并根据考生成绩分为优秀、良好、及格、不及格四等，90～100 分为优秀、80～89 分为良好、60～79 分为及格、0～59 分为不及格，以上题型全部在计算机上在线完成。

目前我校"计算机基础及应用"课程的期末考试共有八种题型：判断题 10 分、选择题 30 分、中文打字 10 分、Windows 操作 5 分、网络操作 5 分、MS Office 文字软件的使用 15 分、MS Office 表格软件的使用 15 分、MS Office 演示软件的使用 10 分。其中的判断题与选择题考核课程的理论内容，以计算机基础知识、Windows、Office、计算机网络为主。以上题型同样全部要求在计算机上在线完成，计算机在线考试的时间为 100 分钟，满分为 100 分，成绩占课程总评成绩的 70％，平时考勤与实验报告占课程总评成绩的 30％，总评 60 分以上为及格。

7.1.3　注意事项

目前全国计算机等级考试每年举办两到三次，具体考试时间可到"中国教育考试网"查询，网址为 http://www.neea.edu.cn。考生可根据自身学习水平等情况，自由选择想要报考的等级及种类，但一般都需要提前三到四个月完成网上报名、缴费等环节，才能如期参加考试。

一级 MS Office 考试登录成功后的主界面如图 7-1 所示，其中的第一大题是选择题，单击图 7-1 所示界面中的"开始作答"按钮，即可开始选择题的答题，但需要注意的是在答题过程中，考生只能使用鼠标答题，并且此大题只能进入一次，退出后不能再次进入。因此选择题的作答必须是一次完成，中途退出将无法再次进入。

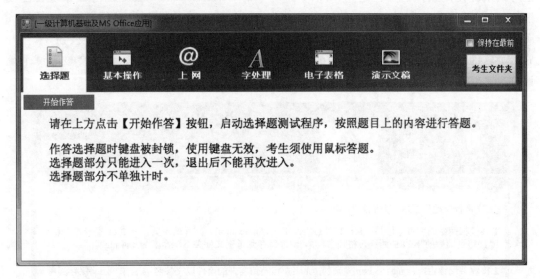

图 7-1　一级 MS Office 考试的选择题

第二大题是基本操作题，操作过程中涉及的所有文档均会要求使用指定的"考生文件夹"中的文档。不同考生的"考生文件夹"位置肯定是不同的，因此考生必须了解自己的"考生文件夹"位置。在图 7-1 所示界面的右上角，单击"考生文件夹"按钮可以打开自己的考生文件夹。如图 7-2 所示，此考生的考生文件夹位于 C:\KSWJJ\1552420044510501 中，因此在操作过程中，如果涉及文档的操作，例如操作 MS Office 的字处理、电子表格、演示文稿时，就需要打开此文件夹中的相关文档。需要注意的是在操作完成后，应该及时保存相应的文档，并关闭不再使用的软件程序窗口。

图 7-2　一级 MS Office 考试的考生文件夹

　　作答第三大题上网操作题时，将使用到 Internet Explorer 与 Outlook Express 软件，但是考试系统使用软件的并不是 Windows 系统中的 IE 或 OE 软件，而是用考试系统自己模拟的软件，因此在启动 Internet Explorer 或 Outlook Express 软件时，必须通过单击图 7-3 所示界面中的"启动 Internet Explorer 仿真"或"启动 Outlook Express 仿真"按钮，来打开这两个软件。通过 Windows 系统中的 IE 或 OE 软件进行的答题操作，将不会被考试系统计分。

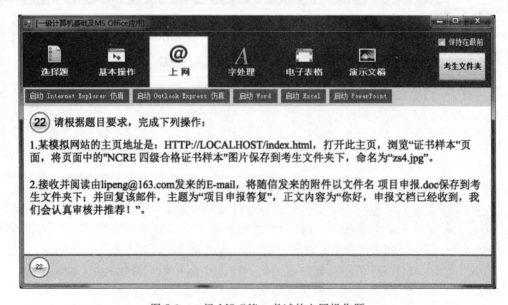

图 7-3　一级 MS Office 考试的上网操作题

　　作答 MS Office 中的字处理、电子表格、演示文稿三个大题时，必须注意打开相关 Office 软件的方式。由于全国计算机等级考试中还存在一个"一级 WPS"种类，因此考试计算机系统中除了安装有 Microsoft Office 的软件外,还会安装 WPS 软件,而 WPS 软件同样可以打开并编辑 MS Office 的文档,因此在作答这三个大题时,必须通过图 7-3 所示界面中的"启动 Word""启动 Excel""启动 PowerPoint"3 个按钮分别打开 Office 软件后,在 Office 软件中通过"文件"菜单打开题目要求的文档,如果直接在"考生文件夹"中双击考试文档,则很有可能自动打开的软件是 WPS,而不是考试需要的 Office 软件。WPS 与 Office 软件并不完全兼容,因此通过 WPS 软件作答的结果很有可能不会被计分。

"计算机基础及应用"课程期末的计算机在线考试与全国计算机等级考试的形式或注意事项基本相同,不同的是多了一个判断题与一个中文打字题。其中的中文打字题要求在规定的 10 分钟内输入指定的文字,此题对汉字的录入速度有一定的要求。

无论参加哪种计算机考试,考生均需要注意的是绝对不能重新启动或关闭计算机,如果计算机出现死机、任务没有响应等情况,则必须举手示意监考老师,由监考老师来解决此类问题;考生如果自行重启或关闭计算机,将不能再次进入考试系统,由此造成的后果考生自负。

7.2　Windows 基本操作题

7.2.1　试题要求

(1) 将考生文件夹下 COF\AN 文件夹中的文件 KEY. TXT 设置成隐藏和只读属性。

(2) 将考生文件夹下 XING 文件夹中的文件 BEN. ARJ 删除。

(3) 将考生文件夹下 ENGLISH 文件夹中的文件 A. EXP 复制到同一文件夹中,文件命名为 B. EXP。

(4) 将考生文件夹下 ENGLISH 文件夹中的文件 CN. TXT 改名为 ENGLISH. TXT。

(5) 将考生文件夹下建立一个新文件夹 YANG。

7.2.2　答题过程

1. 打开考生文件夹

单击图 7-1 所示界面中的"考生文件夹"按钮,打开如图 7-2 所示的"资源管理器"程序窗口。

提示:对于不同考生或不同的考试系统,"考生文件夹"的位置各不相同,因此在进行操作题的操作时,务必确保打开正确的"考生文件夹"。建议通过考试界面中的按钮打开,而不是自行通过 Windows 系统的资源管理器程序打开"考生文件夹"。

2. 完成操作

(1) 在图 7-2 所示"资源管理器"程序的内容窗口中,连续双击打开 COF\AN 文件夹,右击文件 KEY. TXT 的图标,选择"属性"选项,打开"属性"对话框;在对话框中分别勾选"只读""隐藏"复选项,单击"确定"按钮完成操作。

提示:如果需要设置"归档"属性,需要单击对话框中的"高级"按钮,在打开的"高级"对话框中勾选或清除"可以存档文件"复选项。

(2) 在"资源管理器"窗口中,打开 XING 文件夹,右击文件 BEN. ARJ 的图标,选择"删除"选项,在弹出的对话框中选择"是"按钮,完成删除操作。

提示:如果题目要求物理删除文件或文件夹,则需要在选择右键菜单中的"删除"选项前,按住 Shift 键。

(3) 在"资源管理器"窗口中,打开 ENGLISH 文件夹,右击文件 A. EXP 的图标,选择"复制"选项。右击"资源管理器"内容窗格的空白处,选择"粘贴"选项;右击复制的新文件,选择"重命名"选项,将文件名称修改为 B. EXP。

(4) 在"资源管理器"窗口中,打开 ENGLISH 文件夹,右击文件 CN. TXT 的图标,选择"重命名"选项,将文件名称修改为 ENGLISH. TXT。

提示:如果要求修改文件的扩展名称,则需确保"文件夹选项"对话框中已经清除"隐藏已知文件类型的扩展名"复选项。

(5) 在"资源管理器"窗口中,打开"考生文件夹"位置,右击内容窗格的空白处,选择"新建"级联菜单中的"文件夹"选项;输入文件夹的名称 YANG。

7.3 网络操作题

7.3.1 试题要求

(1) 某模拟网站的主页地址是 HTTP://LOCALHOST/index. html,打开此主页,浏览"证书样本"页面,将页面中的"NCRE 四级合格证书样本"图片保存到"考生文件夹"下,命名为 zs4. jpg。

(2) 接收并阅读由 lipeng@163. com 发来的 E-mail,将随信发来的附件以文件名"项目申报. doc"保存到"考生文件夹"下;并回复该邮件,主题为"项目申请答复",正文内容为"你好,申报文档已经收到,我们会认真审核并推荐!"。

7.3.2 答题过程

1. Internet Explorer 浏览器的操作

1) 打开指定页面

单击图 7-3 所示界面中的"启动 Internet Explorer 仿真"按钮,打开考试系统模拟的浏览器仿真窗口,在地址栏中输入 http://localhost/index. html,并按 Enter 键打开如图 7-4 所示界面。

2) 浏览并保存文件

单击图 7-4 所示页面中的"证书样本"链接,打开证书样本页面,并找到题目所述的"NCRE 四级合格证书样本"图片,右击此图片,选择"图片另存为"选项,并保存到考生文件夹,文件名设置为 zs4. jpg。

2. Outlook Express 的操作

1) 接收并查看电子邮件

单击图 7-3 所示界面中的"启动 Outlook Express 仿真"按钮,打开如图 7-5 所示的 OE 仿真窗口。单击图 7-5 所示窗口中的"发送/接收"按钮,完成电子邮件的接收操作;在 OE 窗口左边的导航窗格中,单击"收件箱"后,在其右边的内容窗格中双击接收到的电子邮件,

图 7-4　考试系统模拟的 IE 浏览器窗口

可以打开如图 7-6 所示窗口，查看此邮件的内容。右击图 7-6 所示界面中间的附件"大学生创业项目申报书.doc"，选择右键菜单中的"另存为"选项，并保存到考生文件夹中，文件名设置为"项目申报.doc"。

图 7-5　考试系统模拟的 OE 仿真窗口

2）回复电子邮件

单击图 7-6 所示界面中的"答复"按钮，打开如图 7-7 所示的电子邮件发送窗口，根据题目要求输入如图 7-7 所示信息后，单击"发送"按钮完成电子邮件的发送操作。

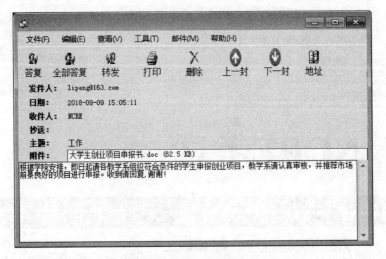

图 7-6　查看电子邮件内容

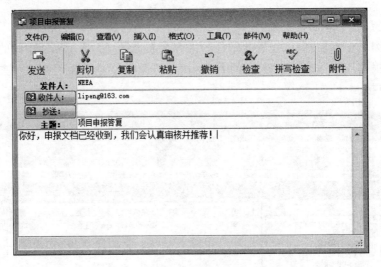

图 7-7　电子邮件发送窗口

7.4　字处理操作题

7.4.1　试题要求

(1) 在"考生文件夹"下打开文档 WD41.DOCX,按照要求完成下列操作。

① 将标题段("IBM 扩展 WebSphere 应用领域")的中文设置为四号黑体,英文设置为四号 TaHoma 字体,字体颜色为蓝色(标准色);标题段设置中英文字符间距加宽 1 磅。

② 将正文各段文字("近日……得到了有效扩展。")的中文设置为五号宋体、英文设置为五号 TaHoma 字体;将文中所有"电子商务"加下画线,各段落首行缩进 2 字符、段前间距 1 行。

③ 将正文第三段("新的 WebSphere……得到了有效扩展。")分为等宽的两栏、栏宽

6.8 厘米、栏间加分隔线，并以原文件名保存文档。

（2）在"考生文件夹"下打开文件 WD42.DOCX，按照要求完成以下操作。

① 设置表格中第 1 行文字水平居中，其他各行文字右对齐。

② 设置表格列宽为 2.5 厘米、外框线为蓝色（标准色）1.5 磅单实线、内框线为紫色（标准色）0.75 磅单实线；第 1 列单元格为红色（标准色）底纹；并以原文件名保存文档。

7.4.2　答题过程

1. 对文档 WD41.DOCX 的操作过程

（1）打开"考生文件夹"下的文档 WD41.DOCX，在 Word 程序窗口中选定标题段内容，打开"开始"选项卡，单击"字体"组右下角的"字体"按钮，打开"字体"对话框；在对话框的"字体"选项卡中，分别设置题目要求的中英文字体、字号、颜色等参数；打开对话框中的"高级"选项卡，设置"间距"为"加宽"、1 磅。

（2）选定正文中的各段文字，使用上一步同样的操作方法，设置题目要求的中英文字体、字号等参数；在"开始"选项卡的"编辑"组中单击"替换"图标按钮，打开"查找和替换"对话框，单击对话框中的"更多"按钮，展开此对话框的全部功能项，如图 7-8 所示；在"查找内容"文本框中输入"电子商务"，将光标定位于"替换为"文本框中，单击对话框下方的"格式"按钮，在打开的列表中选择"字体"选项，在打开的"字体"对话框中，选择"下画线线型"为"字下加线"，并回到图 7-8 所示的对话框中，单击"全部替换"按钮完成替换操作。再次选定正文中的全部段落，在"开始"选项卡的"段落"组中，单击其右下角的"段落"按钮，打开"段落"对话框。在"特殊格式"列表框中选择"首行缩进"，并设置默认的 2 字符，在"段前"间距中设置参数"1 行"，单击"确定"按钮结束设置。

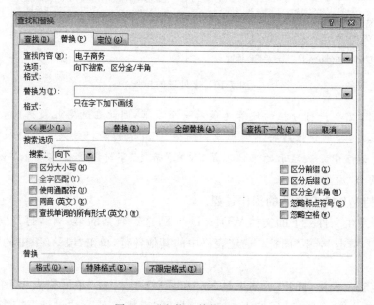

图 7-8　"查找和替换"对话框

（3）选定正文的第三段，在"页面布局"选项卡的"页面设置"组中单击"分栏"按钮，并选择其中的"更多分栏"项，打开如图 7-9 所示对话框，根据题目要求设置相关参数后，单击"确定"按钮完成设置。最后保存此文档,并关闭 Word 程序窗口,操作完成后的效果如图 7-10 所示。

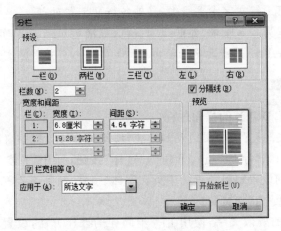

图 7-9 "分栏"对话框

IBM扩展WebSphere应用领域

近日,IBM公司推出了新版WebSphere系列产品,其功能更加强大,并可满足普及运算、语音解决方案和Web访问等不断增长的业务需求。此次发布的WebSphere家族的新成员以及新的增强功能包括内容转换、支持语音电子商务等。

IBM 新版的 WebSphere 软件实现了对 Web 内容和多媒体文件的动态转换和优化,使它们可以在各类普及运算设备上实现。该产品支持语音电子商务,开发人员只需具备少许语音识别经验便可开发出通过电话和其他移动设备访问的、可交谈的电子商务应用。它的集成性能得到提高,使 Lotus Domino、WebSphere 应用服务器和 DB2 之间的集成性得到进一步加强。

新的 WebSphere 为 Java 和 J2EE 的应用程序开发人员提供的下一代开发环境 VisualAge for Java 4.0 版和为 Linux 开发人员提供的可免费下载的 WebSphere Studio Workbench。该产品可以通过

Lotus K-station 门户的强大协作功能与 IBM WebSphere 门户服务器进行集成,IBM 在基于 Web 应用方面的核心技术 WebSphere 应用服务器的功能和伸缩性得到了有效扩展。

图 7-10 字处理的样张一

提示:由于需要进行分栏的段落是最后一个段落,因此在选定此段落时,不可将最后的"段落标记"选定,否则分栏后将不会出现如图 7-10 所示的两栏效果;在输入"6.8"参数时,如果图 7-9 对话框中默认显示的单位不是"厘米"而是"字符",那么在输入"6.8"后,还需要将"字符"更改为"厘米"。

2. 对文档 WD42. DOCX 的操作过程

(1)打开考生文件夹下的文档 WD42. DOCX,选定表格的第一行,打开"开始"选项卡,在"段落"组中,单击"居中"图标;选定表格中的其他各行,单击"段落"组中的"文本右对齐"图标。

(2)选定整个表格,打开"表格工具"→"布局"选项卡,在"单元格大小"组中的"表格列宽"文件框中输入"2.5 厘米"后按 Enter 键;打开"表格工具"→"设计"选项卡,在"绘图边框"组中分别选择题目要求的单实线、1.5 磅粗细、蓝色后,单击"表格样式"组中的"边框"按钮,打开下拉列表,在其中选择"外侧框线"项。再次分别选择题目要求的单实线、0.7 磅粗细、紫色后,单击"边框"按钮,选择下拉列表中的"内部框线"项,如图 7-11 所示。选定第一

列单元格,在如图 7-11 所示界面中,单击"底纹"按钮,选择下拉菜单中的标准色"红色"。保存当前文档,并关闭 Word 程序窗口。最终完成的效果如图 7-12 所示。

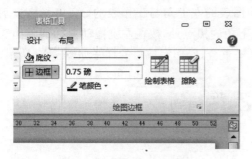

图 7-11 表格框线的设置

[Y]补码真值	[Y]
0	0
62H	62H
-62H	9EH
-7FH	81H

图 7-12 字处理的样张二

7.5 电子表格操作题

7.5.1 试题要求

(1) 在"考生文件夹"下打开工作簿文件 EX14. XLSX,将工作表 Sheet1 的 A1:D1 单元格合并为一个单元格,内容居中,计算"患病百分比"列("患病百分比"字段为"百分比"型,小数点后位数为 2,患病百分比=沙眼人数/受检人数),将工作表命名为"沙眼患病率动态比较表"。

(2) 选择"沙眼患病率动态比较表"的"年份"和"患病百分比"两列单元格的内容建立"分离型圆环图",标题为"沙眼患病率动态比较图",插入到表的 A9:D19 单元格区域内。

7.5.2 答题过程

1. 第一题的操作过程

(1) 打开"考生文件夹"下的工作簿文件 EX14. XLSX,选定 Sheet1 工作表的 A1:D1 区域;在"开始"选项卡的"对齐方式"组中单击"合并后居中"按钮。

(2) 右击 D3 单元格,选择右键菜单中的"设置单元格格式"选项,在打开的对话框中,选择"数字"选项卡中的分类"百分比"选项,并设置其小数位数为 2。单击"确定"按钮完成设置。

(3) 键盘输入公式"=c3/b3"后按 Enter 键,再次选定 D3 单元格,拖动选定单元格右下角的"填充柄"到 D6 单元格。

(4) 在工作表标签区域中,双击工作表 Sheet1 的标签,并输入"沙眼患病率动态比较表"文字后按 Enter 键。

2. 第二题的操作过程

(1) 在"沙眼患病率动态比较表"工作表中,选定 A2:A6 区域,按住 Ctrl 键,再次选定 D2:D6 区域。打开"插入"选项卡,单击"图表"组中的"其他图表"按钮,在打开的列表框中单击"圆环图"组中的"分离型圆环图"选项。

(2) 选定创建的图表,并打开"图表工具"→"布局"选项卡,单击"当前所选内容"组中的

"图表元素"下拉列表,并选择其中的"图表标题"选项,将选定的图表标题框中的文件"患病百分比"修改为"沙眼患病率动态比较图"。

(3) 按住 Alt 键后,使用鼠标拖动图表,使图表的左上角与工作表的 A9 单元格自动重合。再次按住 Alt 键不放,将鼠标指向图表右下角的黑点处,按住左键拖动鼠标到工作表的 D19 单元格,使图表的右下角自动与 D19 单元格重合,操作完成后的样张如图 7-13 所示。

图 7-13　电子表格的样张

7.6　演示文稿操作题

7.6.1　试题要求

打开"考生文件夹"下的演示文稿 yswg14.pptx,按下列要求完成对此文稿的修饰并保存。

(1) 插入第 3 张"标题幻灯片",主标题输入"引领时尚,全球共享"。副标题输入"还不赶快去买",字体设置为 36 磅、绿色(标准色)、倾斜,并将这张幻灯片向前移动,作为演示文稿的第 1 张幻灯片。

(2) 将第 3 张幻灯片中的文本部分动画设置为"进入""飞入""自左下部",第 1 张幻灯片的背景颜色预设填充为"雨后初晴"。

7.6.2　答题过程

1. 第一题的操作过程

(1) 打开"考生文件夹"下的演示文稿 yswg14.pptx,在"幻灯片"窗格中选定第 2 张幻灯片;打开"开始"选项卡,单击"幻灯片"组中的"新建幻灯片"按钮,并选择列表框中的"标题幻灯片"选项,完成插入第 3 张幻灯片的操作。

(2) 在"幻灯片"窗格中选定刚创建的第 3 张幻灯片,在其右边的幻灯片内容窗格中输入主标题"引领时尚,全球共享",副标题"还不赶快去买"。

(3)选定第 3 张幻灯片的副标题框,在"开始"选项卡的"字体"组中,设置字号为 36、颜色为"绿色""倾斜"等参数;在"幻灯片"窗格中,拖动第 3 张幻灯片到最前面,成为第 1 张幻灯片。

2. 第二题的操作过程

(1)在"幻灯片"窗格中选定第 3 张幻灯片,在其"幻灯片"内容窗格中选定文本框;打开"动画"选项卡,在"动画"组中打开动画效果列表框,选择"进入"组中的"飞入"项;单击"效果选项"按钮,选择列表中的"自左下部"选项。

(2)在"幻灯片"窗格中选定第 1 张幻灯片,在其内容窗格中单击空白处,选择右键菜单中的"设置背景格式"选项,打开"设置背景格式"对话框;选择"填充"组中的"渐变填充"单选项,并在"预设颜色"下拉列表中选择"雨后初晴"项,单击"关闭"按钮结束操作,操作完成后的第 1 张与第 3 张幻灯片如图 7-14 和图 7-15 所示。

图 7-14 第 1 张幻灯片的样张

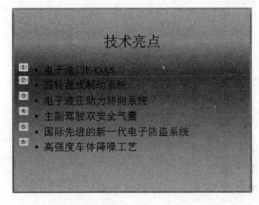

图 7-15 第 3 张幻灯片的样张

第8章 计算机基础习题

本书为实验指导教材,在前面的章节中已经分别完成了各实验环节的讲解。为方便大家在课后学习理论知识,做好计算机考试前的理论准备,本章针对不同理论章节提供了计算机类考试系统中常见的单项选择题,供大家学习与练习。前 6 节的单项选择题考核的知识点基本涵盖了全国计算机等级考试一级 MS Office 与"计算机基础及应用"课程理论试题中的知识点,最后一节提供了本课程期末考试系统中常见的综合判断题。这些习题的参考答案可以参见主教材的附录 A。

8.1 计算机基础知识

1. 计算机病毒的危害表现为(　　)。
   A. 能造成计算机芯片的永久性失效
   B. 使磁盘霉变
   C. 影响程序运行,破坏计算机系统的数据与程序
   D. 切断计算机系统电源

2. 下列不能用作存储容量单位的是(　　)。
   A. Byte　　　　　　B. GB　　　　　　C. MIPS　　　　　　D. KB

3. 控制器的功能是(　　)。
   A. 指挥、协调计算机各相关硬件工作
   B. 指挥、协调计算机各相关软件工作
   C. 指挥、协调计算机各相关硬件和软件工作
   D. 控制数据的输入和输出

4. 下列叙述中,正确的是(　　)。
   A. 一个字符的标准 ASCII 码占一个字节的存储量,其最高位二进制总为 0
   B. 大写英文字母的 ASCII 码值大于小写英文字母的 ASCII 码值
   C. 同一个英文字母(如字母 A)的 ASCII 码和它在汉字系统下的全角内码是相同的
   D. 标准 ASCII 码表的每一个 ASCII 码都能在屏幕上显示成一个相应的字符

5. 计算机技术中,下列度量存储器容量的单位中,最大的单位是(　　　)。

　　A. KB　　　　　　　　B. MB　　　　　　　　C. byte　　　　　　　　D. GB

6. 以微处理器为核心组成的微型计算机属于(　　　)计算机。

　　A. 第一代　　　　　　B. 第二代　　　　　　C. 第三代　　　　　　D. 第四代

7. 下列关于磁道的说法中,正确的是(　　　)。

　　A. 盘面上的磁道是一组同心圆

　　B. 由于每一磁道的周长不同,所以每一磁道的存储容量也不同

　　C. 盘面上的磁道是一条阿基米得螺线

　　D. 磁道的编号是最内圈为 0,并次序由内向外逐渐增大,最外圈的编号最大

8. 组成 CPU 的主要部件是(　　　)。

　　A. 运算器和控制器　　　　　　　　　　B. 运算器和存储器

　　C. 控制器和寄存器　　　　　　　　　　D. 运算器和寄存器

9. DVD-ROM 属于(　　　)。

　　A. 大容量可读可写外存储器　　　　　　B. 大容量只读外部存储器

　　C. CPU 可直接存取的存储器　　　　　　D. 只读内存储器

10. 一个汉字的国标码需用 2 字节存储,其每个字节的最高二进制位的值分别为(　　　)。

　　A. 0,0　　　　　　　B. 1,0　　　　　　　C. 0,1　　　　　　　D. 1,1

11. 以下属于高级语言的有(　　　)。

　　A. 汇编语言　　　　　B. C 语言　　　　　C. 机器语言　　　　　D. 以上都是

12. 在微机中,I/O 设备是指(　　　)。

　　A. 控制设备　　　　　B. 输入输出设备　　C. 输入设备　　　　　D. 输出设备

13. 微型计算机的字长是 4 字节,这意味着(　　　)。

　　A. 能处理的最大数值为 4 位十进制数 9999

　　B. 能处理的字符串最多由 4 个字符组成

　　C. 在 CPU 中作为一个整体加以传送处理的为 32 位二进制代码

　　D. 在 CPU 中运算的最大结果为 2 的 32 次方

14. 目前使用的硬磁盘,在其读/写寻址过程中(　　　)。

　　A. 盘片静止,磁头沿圆周方向旋转　　　B. 盘片旋转,磁头静止

　　C. 盘片旋转,磁头沿盘片径向运动　　　D. 盘片与磁头都静止不动

15. 已知英文字母 m 的 ASCII 码值为 6DH,那么 ASCII 码值为 71H 的英文字母是(　　　)。

　　A. M　　　　　　　　B. j　　　　　　　　C. p　　　　　　　　D. q

16. 构成 CPU 的主要部件是(　　　)。

　　A. 内存和控制器　　　　　　　　　　　B. 内存、控制器和运算器

　　C. 高速缓存和运算器　　　　　　　　　D. 控制器和运算器

17. 计算机技术中,英文缩写 CPU 的中文译名是(　　　)。

　　A. 控制器　　　　　B. 运算器　　　　　C. 中央处理器　　　D. 寄存器

18. 在下列不同进制的四个数中,(　　　)是最小的一个数。

　　A. $(110)_2$　　　　　B. $(1010)_2$　　　　C. $(10)_{10}$　　　　D. $(1010)_{10}$

19. 下列选项属于计算机安全设置的是(　　　)。

    A. 定期备份重要数据   B. 不下载来路不明的软件及程序

    C. 停掉 Guest 账号   D. 安装杀(防)毒软件

20. 以下关于 CPU 的说法中,(　　)是错误的。

    A. CPU 是中央处理单元的简称

    B. CPU 能直接为用户解决各种实际问题

    C. CPU 的档次可粗略地表示微机的规格

    D. CPU 能高速、准确地执行人预先安排的指令

21. 下列叙述中,正确的是(　　)。

    A. 用高级语言编写的程序称为源程序

    B. 计算机能直接识别、执行用汇编语言编写的程序

    C. 机器语言编写的程序执行效率最低

    D. 不同型号的 CPU 具有相同的机器语言

22. 不属于计算机存储设备的是(　　)。

    A. 软盘   B. 硬盘   C. 光盘   D. CPU

23. 以下关于编译程序的说法正确的是(　　)。

    A. 编译程序属于计算机应用软件,所有用户都需要编译程序

    B. 编译程序不会生成目标程序,而是直接执行源程序

    C. 编译程序完成高级语言程序到低级语言程序的等价翻译

    D. 编译程序构造比较复杂,一般不进行出错处理

24. 下列说法正确的是(　　)。

    A. 与编译方式执行程序相比,解释方式执行程序的效率更高

    B. 与汇编语言相比,高级语言程序的执行效率更高

    C. 与机器语言相比,汇编语言的可读性更差

    D. 以上三项都不对

25. 在计算机中,对汉字进行传输、处理和存储时使用汉字的(　　)。

    A. 字形码   B. 国标码   C. 输入码   D. 机内码

26. 微处理器于(　　)年研制成功。

    A. 1946   B. 1965   C. 1971   D. 1978

27. 计算机软件包括(　　)。

    A. 程序和指令   B. 程序和文档

    C. 命令和文档   D. 算法及数据结构

28. 下列各组软件中,全部属于应用软件的是(　　)。

    A. 视频播放系统、操作系统   B. 军事指挥程序、数据库管理系统

    C. 导弹飞行控制系统、军事信息系统   D. 航天信息系统、语言处理程序

29. 以 avi 为扩展名的文件通常是(　　)。

    A. 文本文件   B. 音频信号文件

    C. 图像文件   D. 视频信号文件

30. 下列度量单位中,用来度量 CPU 时钟主频的是(　　)。

    A. MB/s   B. MIPS   C. GHz   D. MB

31. 下列关于计算机病毒的叙述中,错误的是(　　)。

　　A. 反病毒软件可以查杀任何种类的病毒

　　B. 计算机病毒是人为制造的、企图破坏计算机功能或计算机数据的一段小程序

　　C. 反病毒软件必须随着新病毒的出现而升级,提高查杀病毒的功能

　　D. 计算机病毒具有传染性

32. 计算机操作系统的基本特征是(　　)。

　　A. 并发和共享　　　　B. 共享和虚拟　　　　C. 虚拟和异步　　　　D. 异步和并发

33. 能由键盘命令调入内存直接执行的磁盘文件的扩展名为(　　)。

　　A. .OBJ 或.FOX　　　　　　　　　　B. .EXE 或.COM

　　C. .ASC 或.PRG　　　　　　　　　　D. .LIB 或.SYS

34. 计算机突然停电,则计算机(　　)中的数据会全部丢失。

　　A. 硬盘　　　　　　B. 光盘　　　　　　C. RAM　　　　　　D. ROM

35. 已知在某进制下有 2×3＝10,根据这一规则 3×5 应等于(　　)。

　　A. 15　　　　　　B. 17　　　　　　C. 21　　　　　　D. 23

36. 用来存储当前正在运行的应用程序和其相应数据的存储器是(　　)。

　　A. RAM　　　　　　B. 硬盘　　　　　　C. ROM　　　　　　D. CD-ROM

37. 在所列出的:①字处理软件,②Linux,③UNIX,④学籍管理系统,⑤Windows 7,⑥Office 2003 这 6 个软件中,属于系统软件的有(　　)。

　　A. ①,②,③　　　　B. ②,③,⑤　　　　C. ①,②,③,⑤　　　　D. 全部都不是

38. 下面关于多媒体系统的描述中,(　　)是不正确的。

　　A. 多媒体系统也是一种多任务系统

　　B. 多媒体系统的关键技术是数据压缩与解压缩

　　C. 多媒体系统只能在微型计算机上运行

　　D. 多媒体系统是对文字、图形、声音、活动图像等信息及资源进行管理的系统

39. 窗口的移动可通过鼠标选取(　　)后按住左键不放,至任意处再放开来实现。

　　A. 标题栏　　　　　　B. 工具栏　　　　　　C. 状态栏　　　　　　D. 菜单栏

40. 用 C 语言编写的程序被称为(　　)。

　　A. 可执行程序　　　　B. 源程序　　　　C. 目标程序　　　　D. 编译程序

41. 按使用器件划分计算机发展史,当前使用的微型计算机是(　　)。

　　A. 集成电路　　　　　　　　　　　　B. 晶体管

　　C. 电子管　　　　　　　　　　　　D. 超大规模集成电路

42. 世界上公认的第一台电子计算机诞生的年代是(　　)。

　　A. 20 世纪 30 年代　　　　　　　　B. 20 世纪 40 年代

　　C. 20 世纪 80 年代　　　　　　　　D. 20 世纪 90 年代

43. 下列叙述中,错误的是(　　)。

　　A. 把数据从内存传输到硬盘的操作称为写盘

　　B. Windows 属于应用软件

　　C. 把高级语言编写的程序转换为机器语言的目标程序的过程叫编译

　　D. 计算机内部对数据的传输、存储和处理都使用二进制

44. Pentium(奔腾)微型计算机的字长是（　　　）。

    A. 8 位   B. 16 位   C. 32 位   D. 64 位

45. 下列说法中，正确的是（　　　）。

    A. 只要将高级程序语言编写的源程序文件（如 try.c）的扩展名更改为.exe,则它就成为可执行文件了

    B. 高档计算机可以直接执行用高级程序语言编写的程序

    C. 高级语言源程序只有经过编译和链接后才能成为可执行程序

    D. 用高级程序语言编写的程序可移植性和可读性都很差

46. CPU 的指令系统又称为（　　　）。

    A. 汇编语言   B. 机器语言   C. 程序设计语言   D. 符号语言

47. 下列关于操作系统的描述，正确的是（　　　）。

    A. 操作系统中只有程序没有数据

    B. 操作系统提供的人机交互接口其他软件无法使用

    C. 操作系统是一种最重要的应用软件

    D. 一台计算机可以安装多个操作系统

48. 下列软件中，属于系统软件的是（　　　）。

    A. 办公自动化软件   B. Windows 7

    C. 管理信息系统   D. 指挥信息系统

49. 下列描述正确的是（　　　）。

    A. 计算机不能直接执行高级语言源程序,但可以直接执行汇编语言源程序

    B. 高级语言与 CPU 型号无关,但汇编语言与 CPU 型号相关

    C. 高级语言源程序不如汇编语言源程序的可读性好

    D. 高级语言源程序不如汇编语言程序的移植性好

50. 下列各组软件中，属于应用软件的一组是（　　　）。

    A. Windows 7 和管理信息系统   B. UNIX 和文字处理程序

    C. Linux 和视频播放系统   D. Office 2010 和军事指挥程序

51. 将目标程序(.OBJ)转换成可执行文件(.EXE)的程序称为（　　　）。

    A. 编辑程序   B. 编译程序   C. 链接程序   D. 汇编程序

52. 冯·诺依曼结构计算机包括输入设备、输出设备、存储器、控制器、（　　　）五大组成部分。

    A. 处理器   B. 运算器   C. 显示器   D. 模拟器

53. 计算机中最重要的核心部件是（　　　）。

    A. CPU   B. DRAM   C. CD-ROM   D. CRT

54. 能直接与 CPU 交换信息的存储器是（　　　）。

    A. 硬盘存储器   B. CD-ROM   C. 内存储器   D. U 盘存储器

55. 高级程序设计语言的特点是（　　　）。

    A. 高级语言数据结构丰富

    B. 高级语言与具体的机器结构密切相关

    C. 高级语言接近算法语言不易掌握

D. 用高级语言编写的程序计算机可立即执行

56. 最基础最重要的系统软件是（　　）。

　　A. WPS 和 Word　　　　B. 操作系统　　　　C. 应用软件　　　　D. Excel

57. 在 ASCII 码表中,根据码值由小到大的排列顺序是（　　）。

　　A. 空格字符、数字符、大写英文字母、小写英文字母

　　B. 数字符、空格字符、大写英文字母、小写英文字母

　　C. 空格字符、数字符、小写英文字母、大写英文字母

　　D. 数字符、大写英文字母、小写英文字母、空格字符

58. 以.jpg 为扩展名的文件通常是（　　）。

　　A. 文本文件　　　　　　　　　　　B. 音频信号文件

　　C. 图像文件　　　　　　　　　　　D. 视频信号文件

59. 计算机有多种技术指标,其中主频是指（　　）。

　　A. 内存的时钟频率　　　　　　　　B. CPU 内核工作的时钟频率

　　C. 系统时钟频率,也叫外频　　　　D. 总线频率

60. 按操作系统的分类,UNIX 操作系统是（　　）。

　　A. 批处理操作系统　　　　　　　　B. 实时操作系统

　　C. 分时操作系统　　　　　　　　　D. 单用户操作系统

61. 下列描述中,错误的是（　　）。

　　A. 多媒体技术具有集成性和交互性等特点

　　B. 通常计算机的存储容量越大,性能越好

　　C. 各种高级语言的翻译程序都属于系统软件

　　D. 所有计算机的字长都是固定不变的,是 8 位

62. CPU 的主要性能指标是（　　）。

　　A. 字长和时钟主频　　　　　　　　B. 可靠性

　　C. 耗电量和效率　　　　　　　　　D. 发热量和冷却效率

63. 下列关于 ASCII 编码的叙述中,正确的是（　　）。

　　A. 一个字符的标准 ASCII 码占一个字节,其最高二进制位总为 1

　　B. 所有大写英文字母的 ASCII 码值都小于小写英文字母"a"的 ASCII 码值

　　C. 所有大写英文字母的 ASCII 码值都大于小写英文字母"a"的 ASCII 码值

　　D. 标准 ASCII 码表有 256 个不同的字符编码

64. 下列设备组中,完全属于外部设备的一组是（　　）。

　　A. CD-ROM 驱动器,CPU,键盘,显示器

　　B. 激光打印机,键盘,CD-ROM 驱动器,鼠标器

　　C. 主存储器,CD-ROM 驱动器,扫描仪,显示器

　　D. 打印机,CPU,内存储器,硬盘

65. 多媒体计算机是指（　　）。

　　A. 交换数据的计算机　　　　　　　B. 配备了光驱的计算机

　　C. 配备了声卡的计算机　　　　　　D. 能够处理声音和图像的计算机

66. 在标准 ASCII 编码表中,数字码、小写英文字母和大写英文字母的前后次序是（　　）。

A. 数字、小写英文字母、大写英文字母

B. 小写英文字母、大写英文字母、数字

C. 数字、大写英文字母、小写英文字母

D. 大写英文字母、小写英文字母、数字

67. 下面关于比特的叙述中,错误的是(　　)。

A. 比特是组成信息的最小单位

B. 比特只有 0 和 1 两个符号

C. 比特 0 小于比特 1

D. 比特既可以表示数值,也可以表示图像和声音

68. 在下列字符中,其 ASCII 码值最小的一个是(　　)。

A. 9　　　　　　　　B. p　　　　　　　　C. Z　　　　　　　　D. a

69. GB/s 的正确含义是(　　)。

A. 每秒兆位　　　　B. 每秒千兆位　　　　C. 每秒百兆位　　　　D. 每秒万兆位

70. CPU 中,除了内部总线和必要的寄存器外,主要的两大部件分别是运算器和(　　)。

A. 控制器　　　　　B. 存储器　　　　　　C. Cache　　　　　　D. 编辑器

71. 在当今计算机的用途中,(　　)领域的应用占的比例最大。

A. 过程控制　　　　B. 科学计算　　　　　C. 辅助工程　　　　　D. 数据处理

72. 1946 年首台电子数字计算机问世后,冯·诺依曼在研制 EDVAC 计算机时,提出两个重要的改进,它们是(　　)。

A. 采用二进制和存储程序控制的概念　　　B. 引入 CPU 和内存储器的概念

C. 采用机器语言和十六进制　　　　　　　D. 采用 ASCII 编码系统和二进制

73. 移动硬盘与 U 盘相比,最大的优势是(　　)。

A. 容量大　　　　　B. 速度快　　　　　　C. 安全性高　　　　　D. 兼容性好

74. 计算机的发展阶段通常是按计算机所采用的(　　)来划分的。

A. 内存容量　　　　B. 物理器件　　　　　C. 程序设计语言　　D. 操作系统

75. 显示器的参数为 1024×768,它表示(　　)。

A. 显示器分辨率　　　　　　　　　　　　　B. 显示器颜色指标

C. 显示器屏幕大小　　　　　　　　　　　　D. 显示每个字符的列数和行数

76. 下列设备组中,完全属于外部设备的一组是(　　)。

A. 激光打印机,移动硬盘,鼠标器

B. CPU,键盘,显示器

C. SRAM 内存条,CD-ROM 驱动器,扫描仪

D. U 盘,内存储器,硬盘

77. 面向对象的程序设计语言是一种(　　)。

A. 依赖于计算机的低级程序设计语言

B. 计算机能直接执行的程序设计语言

C. 可移植性较好的高级程序设计语言

D. 执行效率较高的程序设计语言

78. 在计算机中,每个存储单元都有一个连续的编号,此编号称为(　　)。

    A. 地址　　　　　　　B. 位置号　　　　　　C. 门牌号　　　　　　D. 房号

79. 汉字在计算机方面,是以(　　)形式输出的。

    A. 内码　　　　　　　B. 外码　　　　　　　C. 国标码　　　　　　D. 字形码

80. 下列字符中,其 ASCII 码值最大的是(　　)。

    A. E　　　　　　　　B. F　　　　　　　　C. a　　　　　　　　D. m

81. 计算机字长是(　　)。

    A. 处理器处理数据的宽度　　　　　　　　B. 存储一个字符的位数

    C. 屏幕一行显示字符的个数　　　　　　　D. 存储一个汉字的位数

82. 一个完整的计算机系统应该包括(　　)。

    A. 硬件系统和软件系统　　　　　　　　　B. 主机、键盘、显示器和辅助存储器

    C. 系统硬件和系统软件　　　　　　　　　D. 主机和外部设备

83. 下面关于随机存取存储器(RAM)的叙述中,正确的是(　　)。

    A. RAM 分为静态 RAM(SRAM)和动态 RAM(DRAM)两大类

    B. SRAM 的集成度比 DRAM 高

    C. DRAM 的存取速度比 SRAM 快

    D. DRAM 中存储的数据无须刷新

84. 下列软件中,属于系统软件的是(　　)。

    A. C++编译程序　　　　　　　　　　　　B. Excel 2003

    C. 学籍管理系统　　　　　　　　　　　　D. 财务管理系统

85. PC 除加电冷启动外,按(　　)相当于冷启动。

    A. Ctrl+Break 组合键　　　　　　　　　B. Ctrl+Prtsc 组合键

    C. Reset 按钮　　　　　　　　　　　　　D. Ctrl+Alt+Del 组合键

86. 微型计算机硬件系统中最核心的部件是(　　)。

    A. 内存储器　　　　　　B. 输入输出设备　　　C. CPU　　　　　　　D. 硬盘

87. 某 800 万像素的数码相机,拍摄照片的最高分辨率大约是(　　)。

    A. 3200×2400　　　　B. 2048×1600　　　C. 1600×1200　　　D. 1024×768

88. 集成电路具有体积小、重量轻、可靠性高的特点,其工作速度主要取决于(　　)。

    A. 晶体管的数目　　　　　　　　　　　　B. 逻辑门电路的大小

    C. 组成逻辑门电路的晶体管的尺寸　　　　D. 集成电路的质量

89. 世界上第一台电子计算机诞生于(　　)。

    A. 中国　　　　　　　B. 日本　　　　　　　C. 德国　　　　　　　D. 美国

90. 组成一个完整的计算机系统应该包括(　　)。

    A. 主机、鼠标器、键盘和显示器　　　　　B. 系统软件和应用软件

    C. 主机、显示器、键盘和音箱等外部设备　D. 硬件系统和软件系统

91. 在计算机中,既可作为输入设备又可作为输出设备的是(　　)。

    A. 键盘　　　　　　　B. 磁盘驱动器　　　　C. 图形扫描仪　　　　D. 显示器

92. 为了防止信息被人窃取,可以设置开机密码,下列密码设置最安全的是(　　)。

    A. 12345678　　　　　B. nd@YZ@gl　　　　C. NDYZ　　　　　　　D. Yingzhong

93. 下列关于 CPU 的叙述中,正确的是(　　　)。
    A. CPU 能直接读取硬盘上的数据　　　　B. CPU 能直接与内存储器交换数据
    C. CPU 主要组成部分是存储器和控制器　D. CPU 主要用来执行算术运算

94. 用来控制、指挥和协调计算机各部件工作的是(　　　)。
    A. 运算器　　　　　　　B. 鼠标器　　　　　　C. 控制器　　　　　　D. 存储器

95. 硬盘属于(　　　)。
    A. 内存储器　　　　　　B. 外存储器　　　　　　C. 只读存储器　　　　D. 输出设备

96. 微型计算机的运算器、控制器及内存储器统称为(　　　)。
    A. CPU　　　　　　　　B. ALU　　　　　　　　C. 主机　　　　　　　D. GPU

97. 在声音的数字化过程中,采样频率越高,声音的(　　　)越高。
    A. 保真度　　　　　　　B. 失真度　　　　　　　C. 噪声　　　　　　　D. 频率

98. 多媒体计算机中所说的媒体,主要是指(　　　)。
    A. 信息的物理载体　　　　　　　　　　B. 信息的表现形式
    C. 信息的传输设备　　　　　　　　　　D. 信息的交换场所

99. 下列软件中,属于应用软件的是(　　　)。
    A. 操作系统　　　　　　　　　　　　　B. 数据库管理系统
    C. 程序设计语言处理系统　　　　　　　D. 管理信息系统

100. 十进制数 59 转换成无符号二进制整数是(　　　)。
    A. 111101　　　　　　B. 111011　　　　　　C. 110101　　　　　　D. 111111

101. UPS 的中文译名是(　　　)。
    A. 稳压电源　　　　　　B. 不间断电源　　　　　C. 高能电源　　　　　D. 调压电源

102. 下列说法中正确的是(　　　)。
    A. 计算机体积越大,功能越强
    B. 微型计算机 CPU 主频越高,其运算速度越快
    C. 两个显示器的屏幕大小相同,它们的分辨率也相同
    D. 激光打印机打印的汉字比喷墨打印机多

103. 显示器的主要技术指标之一是(　　　)。
    A. 分辨率　　　　　　　B. 亮度　　　　　　　　C. 重量　　　　　　　D. 耗电量

104. 除硬盘容量大小外,下列也属于硬盘技术指标的是(　　　)。
    A. 转速　　　　　　　　B. 平均访问时间　　　　C. 传输速率　　　　　D. 以上全部

105. 配置 Cache 是为了解决(　　　)。
    A. 内存与外存之间速度不匹配问题
    B. CPU 与外存之间速度不匹配问题
    C. CPU 与内存之间速度不匹配问题
    D. 主机与外部设备之间速度不匹配问题

106. 计算机中既可作为输入设备又可作为输出设备的是(　　　)。
    A. 打印机　　　　　　　B. 显示器　　　　　　　C. 鼠标　　　　　　　D. 磁盘

107. 计算机之所以能按人们的意图自动进行工作,最直接的原因是采用了(　　　)。
    A. 二进制　　　　　　　　　　　　　　B. 高速电子元件

C. 程序设计语言　　　　　　　　　　　　　D. 存储程序控制

108. 下列软件中,属于系统软件的是(　　　)。

　　　A. 航天信息系统　　　　　　　　　　　　　B. Office 2010

　　　C. Windows Vista　　　　　　　　　　　　　D. 决策支持系统

109. 32 位微型计算机中的 32,是指下列技术指标中的(　　　)。

　　　A. CPU 功耗　　　　B. CPU 字长　　　　C. CPU 主频　　　　D. CPU 型号

110. 计算机病毒是(　　　)。

　　　A. 一段计算机程序或一段代码　　　　　　　B. 细菌

　　　C. 害虫　　　　　　　　　　　　　　　　　D. 计算机炸弹

111. 下列叙述中,正确的是(　　　)。

　　　A. 用高级语言编写的程序可移植性好

　　　B. 用高级语言编写的程序运行效率最高

　　　C. 机器语言编写的程序执行效率最低

　　　D. 高级语言编写的程序的可读性最差

112. 把硬盘上的数据传送到计算机的内存中去,称为(　　　)。

　　　A. 输出　　　　　　B. 打印　　　　　　C. 写盘　　　　　　D. 读盘

113. 办公自动化(OA)是计算机的一项应用,按计算机应用的分类,它属于(　　　)。

　　　A. 科学计算　　　　B. 辅助设计　　　　C. 实时控制　　　　D. 信息处理

114. 下面关于 U 盘的描述中,错误的是(　　　)。

　　　A. U 盘有基本型、增强型和加密型 3 种

　　　B. U 盘的特点是重量轻、体积小

　　　C. U 盘多固定在机箱内,不便携带

　　　D. 断电后,U 盘还能保持存储的数据不丢失

115. 存储容量 1GB 等于(　　　)。

　　　A. 1000B　　　　　　B. 1024KB　　　　　C. 1024MB　　　　　D. 1000MB

116. 下列说法正确的是(　　　)。

　　　A. CPU 可直接处理外存上的信息

　　　B. 计算机可以直接执行高级语言编写的程序

　　　C. 计算机可以直接执行机器语言编写的程序

　　　D. 系统软件是买来的软件,应用软件是自己编写的软件

117. 计算机存储体系中,按速度由快到慢同时容量由低到高的次序排列,正确的是(　　　)。

　　　A. 外存、高速缓存、内存　　　　　　　　B. 内存、高速缓存、外存

　　　C. 外存、内存、高速缓存　　　　　　　　D. 内存、外存、高速缓存

118. 下列叙述中,错误的是(　　　)。

　　　A. 内存储器一般由 ROM 和 RAM 组成

　　　B. RAM 中存储的数据一旦断电就全部丢失

　　　C. CPU 不能访问内存储器

　　　D. 存储在 ROM 中的数据断电后也不会丢失

119. 电子计算机最早的应用领域是(　　　)。

A. 数据处理　　　　　　B. 科学计算　　　　　　C. 工业控制　　　　　D. 文字处理

120. 下列关于字符大小关系的说法中,正确的是(　　)。

A. 空格＞a＞A　　　　B. 空格＞A＞a　　　　C. a＞A＞空格　　　　D. A＞a＞空格

121. 下列计算机程序语言中,不属于高级程序设计语言的是(　　)。

A. BASIC 语言　　　　B. C 语言　　　　　　C. FORTAN 语言　　D. 汇编语言

122. 显示器的像素分辨率(　　)好。

A. 越低越　　　　　　B. 中等为　　　　　　C. 一般为　　　　　　D. 越高越

123. 下列字符中,其 ASCII 码值最小的一个是(　　)。

A. 空格字符　　　　　B. 0　　　　　　　　　C. A　　　　　　　　　D. a

124. Cache 的功能是(　　)。

A. 数据处理　　　　　　　　　　　　　　　B. 存储数据和指令

C. 存储和执行程序　　　　　　　　　　　　D. 以上全不是

125. 在计算机内部用来传送、存储、加工处理的数据或指令所采用的形式是(　　)。

A. 十进制码　　　　　B. 二进制码　　　　　C. 八进制码　　　　　D. 十六进制码

126. 计算机技术应用广泛,以下属于科学计算方面的是(　　)。

A. 图像信息处理　　　B. 视频信息处理　　　C. 火箭轨道计算　　　D. 信息检索

127. 将二进制数 1001101 转换成十六制数为(　　)。

A. 3C　　　　　　　　B. 4C　　　　　　　　C. 4D　　　　　　　　D. 4F

128. CD-ROM 是由(　　)标准定义的。

A. 黄皮书　　　　　　B. 白皮书　　　　　　C. 绿皮书　　　　　　D. 红皮书

129. 在一个非零无符号二进制整数之后添加一个 0,则此数的值为原数的(　　)。

A. 4 倍　　　　　　　B. 2 倍　　　　　　　C. 1/2 倍　　　　　　D. 1/4 倍

130. ROM 中的信息是(　　)。

A. 由生产厂家预先写入的

B. 在安装系统时写入的

C. 根据用户需求不同,由用户随时写入的

D. 由程序临时存入的

131. 计算机操作系统通常具有的五大功能是(　　)。

A. CPU 管理、显示器管理、键盘管理、打印机管理和鼠标器管理

B. 硬盘管理、U 盘管理、CPU 的管理、显示器管理和键盘管理

C. CPU 管理、存储管理、文件管理、设备管理和作业管理

D. 启动、打印、显示、文件存取和关机

132. 计算机技术中,下列英文缩写和中文名字的对照中,正确的是(　　)。

A. CAD——计算机辅助制造　　　　　　　B. CAM——计算机辅助教育

C. CIMS——计算机集成制造系统　　　　　D. CAI——计算机辅助设计

133. 计算机保存一个汉字通常占用的存储空间为(　　)。

A. 1B　　　　　　　　B. 2B　　　　　　　　C. 1b　　　　　　　　D. 2b

134. 从第一台计算机诞生到现在的七十多年中计算机的发展经历了(　　)个阶段。

A. 3　　　　　　　　　B. 4　　　　　　　　　C. 5　　　　　　　　　D. 6

135. 和十进制数 225 相等的二进制数是(　　　)。

   A. 11100001　　　　B. 11111110　　　　C. 10000000　　　　D. 11111111

136. 在下列不同数制的数中,最小的是(　　　)。

   A. $(72)_{10}$　　　　B. $(5A)_{16}$　　　　C. $(42)_8$　　　　D. $(1011101)_2$

137. 计算机指令主要存放在(　　　)。

   A. CPU　　　　B. 内存　　　　C. 硬盘　　　　D. 键盘

138. 计算机病毒是一种(　　　)。

   A. 微生物病毒　　　B. 特定的程序　　　C. 被损坏的程序　　　D. 化学感染

139. 按照数的进位制概念,下列各个数中正确的八进制数是(　　　)。

   A. 1101　　　　B. 7081　　　　C. 1109　　　　D. B03A

140. 在 CD 光盘上标记有 CD-RW 字样,RW 标记表明该光盘是(　　　)。

   A. 只能写入一次,可以反复读出的一次性写入光盘

   B. 可多次擦除型光盘

   C. 只能读出,不能写入的只读光盘

   D. 其驱动器单倍速为 1350KB/s 的高密度可读写光盘

141. 计算机病毒是指(　　　)。

   A. 已被破坏的计算机程序

   B. 编制有错误的计算机程序

   C. 编译不正确的计算机程序

   D. 以危害计算机为目的的特制的计算机程序

142. 主频是指微机(　　)的时钟频率。

   A. 前沿总线　　　　B. CPU　　　　C. 系统总线　　　　D. 主机

143. 现代集成电路使用的半导体材料通常是(　　　)。

   A. 铜　　　　B. 铝　　　　C. 硅　　　　D. 碳

144. Cache 的中文译名是(　　　)。

   A. 缓冲器　　　　　　　　　B. 只读存储器

   C. 高速缓冲存储器　　　　　D. 可编程只读存储器

145. 组成计算机指令的两部分是(　　　)。

   A. 数据和字符　　　　　　　B. 操作码和地址码

   C. 运算符和运算数　　　　　D. 运算符和运算结果

146. 计算机按原理可分为(　　)

   A. 科学计算、数据处理和人工智能计算机　　B. 电子模拟和电子数字计算机

   C. 巨型、大型、中型、小型和微型计算机　　D. 便携、台式和微型计算机

147. 在微型计算机中,西文字符所采用的编码是(　　　)。

   A. EBCDIC 码　　　B. ASCII 码　　　C. 国标码　　　D. BCD 码

148. 编译程序将高级语言程序翻译成与之等价的机器语言程序,该机器语言程序称为(　　　)。

   A. 工作程序　　　B. 机器程序　　　C. 临时程序　　　D. 目标程序

149. 下面(　　　)可能是八进制数。

A. 190　　　　　　　B. 203　　　　　　C. 395　　　　　　D. ace

150. 通常所说的计算机的主机是指(　　)。

　　A. CPU 和内存　　　　　　　　　B. CPU 和硬盘

　　C. CPU、内存和硬盘　　　　　　　D. CPU、内存与 CD-ROM

151. JPEG 是一个用于数字信号压缩的国际标准,其压缩对象是(　　)。

　　A. 文本　　　　　B. 音频信号　　　　C. 静态图像　　　D. 视频信号

152. 计算机集成制造系统英文简写是(　　)。

　　A. CAD　　　　　B. CAM　　　　　C. CIMS　　　　　D. ERP

153. 在计算机硬件技术中,构成存储器的最小单位是(　　)。

　　A. 字节(byte)　　　　　　　　　B. 二进制位(bit)

　　C. 字(word)　　　　　　　　　　D. 双字(double word)

154. 计算机硬件系统主要包括:中央处理器(CPU)、存储器、(　　)。

　　A. 显示器和键盘　　　　　　　　　B. 打印机和键盘

　　C. 显示器和鼠标器　　　　　　　　D. 输入输出设备

155. 计算机中数据的表示形式是(　　)。

　　A. 八进制　　　　B. 十进制　　　　C. 十六进制　　　D. 二进制

156. 根据计算机网络覆盖地理范围的大小,网络可分为局域网和(　　)。

　　A. WAN　　　　　B. NOVELL　　　　C. 互联网　　　　D. Internet

157. 将二进制数 1011010 转换成十六进制数是(　　)。

　　A. 132　　　　　B. 90　　　　　C. 5A　　　　　D. A5

158. 计算机的 CPU 主要由运算器和(　　)组成。

　　A. 控制器　　　　B. 存储器　　　　C. 寄存器　　　　D. 编辑器

159. 下列各存储器中,存取速度最快的一种是(　　)。

　　A. RAM　　　　　B. 光盘　　　　　C. U 盘　　　　　D. 硬盘

160. 以.wav 为扩展名的文件通常是(　　)。

　　A. 文本文件　　　　　　　　　　B. 音频信号文件

　　C. 图像文件　　　　　　　　　　D. 视频信号文件

161. 操作系统管理用户数据的单位是(　　)。

　　A. 扇区　　　B. 文件　　　　C. 磁道　　　　D. 文件夹

162. KB(千字节)是度量存储器容量大小的常用单位之一,1KB 等于(　　)。

　　A. 1000 个字节　　B. 1024 个字节　　C. 1000 个二进位　　D. 1024 个字

163. 下列叙述中,正确的是(　　)。

　　A. 计算机病毒只在可执行文件中传染,不执行的文件不会传染

　　B. 计算机病毒主要通过读写移动存储器或 Internet 网络进行传播

　　C. 只要删除所有感染了病毒的文件就可以彻底消除病毒

　　D. 计算机杀病毒软件可以查出和清除任意已知的和未知的计算机病毒

164. 下列数中最小数是(　　)。

　　A. 二进制 101001　　B. 十进制 52　　C. 十六进制 23　　D. 八进制 37

165. 通常打印质量最好的打印机是(　　)。

A. 针式打印机　　　B. 点阵打印机　　　C. 喷墨打印机　　　D. 激光打印机

166. 1KB 的准确数值是(　　)。

A. 1024Bytes　　　B. 1000Bytes　　　C. 1024bits　　　D. 1000bits

167. 铁路联网售票系统,按计算机应用的分类,它属于(　　)。

A. 科学计算　　　B. 辅助设计　　　C. 实时控制　　　D. 信息处理

168. 运算器的完整功能是进行(　　)。

A. 逻辑运算　　　　　　　　　B. 算术运算和逻辑运算

C. 算术运算　　　　　　　　　D. 逻辑运算和微积分运算

169. 下列选项中,不属于显示器主要技术指标的是(　　)。

A. 分辨率　　　　　　　　　　B. 重量

C. 像素的点距　　　　　　　　D. 显示器的尺寸

170. 以下程序设计语言是低级语言的是(　　)。

A. FORTRAN 语言　　　　　　B. Java 语言

C. Visual Basic 语言　　　　　D. 80×86 汇编语言

171. 在计算机中,作为一个整体传送和运算的一串二进制码称为(　　)。

A. 比特　　　　B. ASCII 码　　　C. 机内码　　　D. 计算机字

172. 一台计算机主要由运算器、控制器、存储器、(　　)及输出设备等部件构成。

A. 屏幕　　　　B. 输入设备　　　C. 磁盘　　　D. 打印机

173. 下列设备组中,完全属于计算机输出设备的一组是(　　)。

A. 喷墨打印机,显示器,键盘　　　B. 激光打印机,键盘,鼠标器

C. 键盘,鼠标器,扫描仪　　　　　D. 打印机,绘图仪,显示器

174. 声音与视频信息在计算机内的表现形式是(　　)。

A. 二进制数字　　　B. 调制　　　C. 模拟　　　D. 模拟或数字

175. 操作系统将 CPU 的时间资源划分成极短的时间片,轮流分配给各终端用户,使终端用户单独分享 CPU 的时间片,有独占计算机的感觉,这种操作系统称为(　　)。

A. 实时操作系统　　　　　　　B. 批处理操作系统

C. 分时操作系统　　　　　　　D. 分布式操作系统

176. 下列关于计算机病毒的描述,正确的是(　　)。

A. 正版软件不会受到计算机病毒的攻击

B. 光盘上的软件不可能携带计算机病毒

C. 计算机病毒是一种特殊的计算机程序,因此数据文件中不可能携带病毒

D. 任何计算机病毒一定会有清除的办法

177. 防火墙是指(　　)。

A. 一个特定软件　　　　　　　B. 一个特定硬件

C. 执行访问控制策略的一组系统　　　D. 一批硬件的总称

178. 有一个数值 152,它与十六进制 6A 相等,那么该数值是(　　)。

A. 二进制数　　　B. 八进制数　　　C. 十进制数　　　D. 四进制数

179. 计算机指令由两部分组成,它们是(　　)。

A. 运算符和运算数　　　　　　B. 操作数和结果

C. 操作码和操作数   D. 数据和字符

180. 计算机的多媒体技术,就是计算机能接收、处理和表现由(　　　)等多种媒体表示的信息的技术。

  A. 中文、英文、日文和其他文字   B. 硬盘、软盘、键盘和鼠标

  C. 文字、声音和图像   D. 拼音码、五笔字型和自然码

181. 下列关于计算机病毒的叙述中,正确的是(　　　)。

  A. 计算机病毒的特点之一是具有免疫性

  B. 计算机病毒是一种有逻辑错误的小程序

  C. 反病毒软件必须随着新病毒的出现而升级,增强查杀病毒的功能

  D. 感染过计算机病毒的计算机具有对该病毒的免疫性

182. 微型计算机的硬件由(　　　)五部分组成。

  A. CPU、总线、主存、辅存和 I/O 设备

  B. CPU、运算器、控制器、主存和 I/O 设备

  C. CPU、控制器、主存、打印机和 I/O 设备

  D. CPU、运算器、主存、显示器和 I/O 设备

183. 计算机中信息的存储采用(　　　)。

  A. 二进制   B. 八进制   C. 十进制   D. 十六进制

184. 一个完整的计算机系统应该包括(　　　)。

  A. 主机、键盘和显示器   B. 硬件系统和软件系统

  C. 主机和它的外部设备   D. 系统软件和应用软件

185. 下列 4 个不同数制中的最小数是(　　　)。

  A. $(213)_D$ B. $(1111111)_B$ C. $(D5)_H$ D. $(416)_O$

186. 十进制整数 127 转换为二进制整数等于(　　　)。

  A. 1010000   B. 1010001   C. 1111111   D. 1011000

187. 目前普遍使用的微型计算机,所采用的逻辑元件是(　　　)。

  A. 电子管   B. 大规模和超大规模集成电路

  C. 晶体管   D. 小规模集成电路

188. 下列属于计算机程序设计语言的是(　　　)。

  A. ACDSee   B. Visual Basic   C. Wave Edit   D. WinZip

189. 下列度量单位中,用来度量计算机外部设备传输率的是(　　　)。

  A. MB/s   B. MIPS   C. GHz   D. MB

190. 数码相机里的照片可以利用计算机软件进行处理,计算机的这种应用属于(　　　)。

  A. 图像处理   B. 实时控制   C. 嵌入式系统   D. 辅助设计

191. 下列术语中,属于显示器性能指标的是(　　　)。

  A. 分辨率   B. 精度   C. 速度   D. 可靠性

192. 下列关于 1Kb/s 准确的含义是(　　　)。

  A. 1000b/s   B. 1000B/s   C. 1024b/s   D. 1024B/s

193. 能描述计算机的运算速度的是(　　　)。

  A. 二进制位   B. MIPS   C. MHz   D. MB

194. 下列选项中,既可作为输入设备又可作为输出设备的是(　　)。

    A. 扫描仪　　　　　　　　　　　　　B. 绘图仪

    C. 鼠标器　　　　　　　　　　　　　D. 磁盘驱动器

195. 一个完整的计算机系统包括(　　)两大部分。

    A. 主机和外部设备　　　　　　　　　B. 硬件系统和软件系统

    C. 硬件系统和操作系统　　　　　　　D. 指令系统和系统软件

196. 在外部设备中,扫描仪属于(　　)。

    A. 输出设备　　　　B. 存储设备　　　　C. 输入设备　　　　D. 特殊设备

197. 二进制数 100110.101 转换为十进制数是(　　)。

    A. 38.625　　　　　B. 46.5　　　　　C. 92.375　　　　D. 216.125

198. 世界上第一台计算机是 1946 年美国研制成功的,该计算机的英文缩写名为(　　)。

    A. MARK-Ⅱ　　　　B. ENIAC　　　　C. EDSAC　　　　D. EDVAC

199. 下列软件中,不是操作系统的是(　　)。

    A. Linux　　　　　　B. UNIX　　　　C. MS DOS　　　　D. MS Office

200. 一个完整的计算机软件应包含(　　)。

    A. 系统软件和应用软件　　　　　　　B. 编辑软件和应用软件

    C. 数据库软件和工具软件　　　　　　D. 程序、相应数据和文档

8.2　Windows 操作系统

1. 画图程序默认的扩展名为(　　)。

    A. BMP　　　　　　B. TXT　　　　　C. DOC　　　　　D. TIF

2. 下列关于 Windows 窗口的叙述中,错误的是(　　)。

    A. 窗口是应用程序运行后的工作区

    B. 同时打开的多个窗口可以重叠排列

    C. 窗口的位置和大小都能改变

    D. 窗口的位置可以移动,但大小不能改变

3. 在 Windows"资源管理器"窗口右部选定所有文件,如果要取消其中几个文件的选定,应进行的操作是(　　)。

    A. 用鼠标左键依次单击各个要取消选定的文件

    B. 按住 Ctrl 键,再用鼠标左键依次单击各个要取消选定的文件

    C. 按住 Shift 键,再用鼠标左键依次单击各个要取消选定的文件

    D. 用鼠标右键依次单击各个要取消选定的文件

4. Windows 是一个多任务操作系统指的是(　　)。

    A. Windows 可同时运行多个应用程序

    B. Windows 可运行多种类型各异的应用程序

    C. Windows 可同时管理多种资源

    D. Windows 可提供多个用户同时使用

5. 当一个应用程序窗口被最小化后,该应用程序将(　　)。

A. 被终止执行 　　　　　　　　　　B. 正在前台运行

C. 被暂停执行 　　　　　　　　　　D. 被转入后台执行

6. 在 Windows 中,下列关于任务栏的叙述(　　　)是错误的。

A. 可以将任务栏设置为自动隐藏

B. 任务栏可以移动

C. 通过任务栏上的按钮,可实现窗口之间的切换

D. 在任务栏上,只显示当前活动窗口名

7. 通常在 Windows 的"附件"中不包含的应用程序是(　　　)。

A. 公式 　　　　　B. 画图 　　　　　C. 记事本 　　　　　D. 计算器

8. 在 Windows 中,呈灰色显示的菜单意味着(　　　)。

A. 该菜单当前不能使用 　　　　　　B. 选中该菜单后将弹出对话框

C. 选中该菜单后将弹出下级子菜单 　D. 该菜单正在使用

9. 在"资源管理器"中,双击某个文件夹图标,将(　　　)。

A. 删除该文件夹 　　　　　　　　　B. 显示该文件夹内容

C. 删除该文件夹文件 　　　　　　　D. 复制该文件夹文件

10. 一个磁盘格式化后,盘上的目录情况是(　　　)。

A. 没有目录,需要用户建立 　　　　B. 多级树形目录

C. 一级子目录 　　　　　　　　　　D. 只有根目录

11. 在 Windows 中,下列正确的文件名是(　　　)。

A. MY PROGRAM GROUP. TXT 　　B. FILE1｜FILE2

C. A<>B. C 　　　　　　　　　　　D. A? B. DOC

12. Windows 是由(　　　)公司推出的一种基于图形界面的操作系统。

A. IBM 　　　　　B. Microsoft 　　　C. Apple 　　　　D. Intel

13. 在 Windows 中,为结束陷入死循环的程序,首先应按的键是(　　　)。

A. Ctrl＋Del 　　　B. Del 　　　　　C. Ctrl＋Alt＋Del 　D. Alt＋Del

14. 剪贴板是(　　　)的一块区域。

A. 内存上 　　　　B. 软盘上 　　　　C. 硬盘上 　　　　D. CPU 中

15. 删除 Windows 桌面上某个应用程序的快捷方式图标,意味着(　　　)。

A. 该应用程序连同其图标一起被删除

B. 只删除了该应用程序,对应的图标被隐藏

C. 只删除了图标,对应的应用程序被保留

D. 该应用程序连同其图标一起被隐藏

16. 在 Windows 中,为保护文件不被修改,可将它的属性设置为(　　　)。

A. 存档 　　　　　B. 隐藏 　　　　　C. 只读 　　　　　D. 系统

17. 当选定文件或文件夹后,不将文件或文件夹放到回收站中,而直接删除的操作是(　　　)。

A. 按 Delete(Del)键

B. 用鼠标直接将文件或文件夹拖到回收站中

C. 按 Shift＋Delete(Del)键

D. 用"计算机"或"资源管理器"窗口中文件菜单中的删除命令

18. "回收站"是( )文件存放的容器,通过它可恢复误删的文件。

    A. 已删除   B. 关闭   C. 打开   D. 活动

19. 在 Windows 的"回收站"中,存放的( )。

    A. 只能是硬盘上被删除的文件或文件夹

    B. 只能是软盘上被删除的文件或文件夹

    C. 可以是硬盘或软盘上被删除的文件或文件夹

    D. 可以是所有外存储器中被删除的文件或文件夹

20. 当系统硬件发生故障时,为了避免系统意外崩溃,应采用的启动方式为( )。

    A. 通常模式   B. 登录模式

    C. 安全模式   D. 命令提示模式

21. 在 Windows 的"资源管理器"窗口右部,若已单击了第一个文件,又按住 Ctrl 键并单击了第五个文件,则( )。

    A. 有 0 个文件被选中   B. 有 5 个文件被选中

    C. 有 1 个文件被选中   D. 有 2 个文件被选中

22. 下面关于 Windows 文件名的叙述中,错误的是( )。

    A. 文件名中允许使用汉字

    B. 文件名中允许使用多个圆点分隔符

    C. 文件名中允许使用空格

    D. 文件名中允许使用竖线

23. 在 Windows 开始菜单下的文档菜单中存放的是( )。

    A. 最近建立的文档   B. 最近打开过的文件夹

    C. 最近打开过的文档   D. 最近运行过的程序

24. 图标是 Windows 操作系统中的一个重要概念,它表示 Windows 的对象,可以是( )。

    A. 文档或文件夹   B. 应用程序

    C. 设备或其他的计算机   D. 以上都正确

25. 下列 4 项中,合法的 Windows 文件名是( )。

    A. abc∗.docx   B. abc.xlsx   C. abc?.xlsx   D. abc:.docx

26. 设 Windows 桌面上已经有某应用程序的图标,在默认配置下,要运行该程序可以( )。

    A. 单击该图标   B. 右击该图标

    C. 双击该图标   D. 鼠标右键双击该图标

27. 如果在 Windows 的资源管理器底部没有状态栏,那么增加状态栏的操作是( )。

    A. 单击编辑菜单中的状态栏命令   B. 单击工具菜单中的状态栏命令

    C. 单击查看菜单中的状态栏命令   D. 单击文件菜单中的状态栏命令

28. 在用下列带有通配符的文件名查找文件时,能和文件 ABCZ.PRG 匹配的是( )。

    A. ?bcz.∗   B. ?bcz.?   C. a?.∗   D. ∗bcz.?

29. 在 Windows 中可按 Alt+( )组合键在多个已打开的程序窗口中进行切换。

A. Enter B. 空格键 C. Insert D. Tab

30. 在 Windows 中,可以由用户设置的文件属性为(   )。
    A. 存档、系统和隐藏 B. 只读、系统和隐藏
    C. 只读、存档和隐藏 D. 系统、只读和存档

31. 操作系统的作用是(   )。
    A. 把源程序编译为目标程序 B. 便于进行目录管理
    C. 控制和管理系统资源 D. 实现软硬件的转换

32. Windows 的整个显示屏幕称为(   )。
    A. 窗口 B. 操作台 C. 工作台 D. 桌面

33. 在 Windows 中,为了重新排列桌面上的图标,首先应进行的操作是(   )。
    A. 右击桌面空白处 B. 右击任务栏空白处
    C. 右击已打开窗口空白处 D. 右击开始空白处

34. 为获得 Windows 帮助,必须通过下列途径(   )。
    A. 在"开始"菜单中单击"帮助和支持" B. 选择桌面并按 F1 键
    C. 在使用应用程序过程中按 F1 键 D. A 和 B 都对

35. Windows 的整个显示屏幕为(   )。
    A. 窗口 B. 操作台 C. 工作台 D. 桌面

36. 控制面板中的字体窗口用于(   )。
    A. 设置写字板文档的字体 B. 查阅已安装的字体或安装新字体
    C. 设置 Word 文档的字体 D. 以上都不对

37. 在 Windows 中,"回收站"是(   )。
    A. 内存中的一块区域 B. 硬盘上的一块区域
    C. 软盘上的一块区域 D. 高速缓存中的一块区域

38. 在 Windows 系统中,"回收站"用来(   )。
    A. 存放使用的资源 B. 接收输出的信息
    C. 存放删除的文件夹及文件 D. 接收网络传来的信息

39. 在 Windows 中,任务栏(   )。
    A. 只能改变位置不能改变大小 B. 只能改变大小不能改变位置
    C. 既不能改变位置也不能改变大小 D. 既能改变位置也能改变大小

40. 在 Windows 中,若系统长时间不响应用户的要求,为了结束该任务,应使用的组合键是(   )。
    A. Shift+Esc+Tab B. Ctrl+Shift+Enter
    C. Alt+Shift+Enter D. Ctrl+Alt+Del

41. "回收站"是(   )的一块区域。
    A. 内存上 B. 软盘上 C. 硬盘上 D. CPU 中

42. Windows 的各项系统设置由(   )程序来控制。
    A. 计算机 B. 控制面板 C. 画图 D. 记事本

43. 在 Windows 中,拖动鼠标执行复制操作时,鼠标光标的箭头尾部(   )。
    A. 带有!号 B. 带有+号

C. 带有％号   D. 不带任何符号

44. 在 Windows 操作系统中,(　　)。

  A. 在根目录下允许建立多个同名的文件或文件夹

  B. 同一文件夹中可以建立两个同名的文件或文件夹

  C. 在不同的文件夹中不允许建立两个同名的文件或文件夹

  D. 同一文件夹中不允许建立两个同名的文件或文件夹

45. 为了弹出显示属性对话框以进行显示器设置,下列操作中正确的是(　　)。

  A. 右击任务栏空白处,在弹出的快捷菜单中选择属性项

  B. 右击桌面空白处,在弹出的快捷菜单中选择属性项

  C. 右击"计算机"窗口空白处,在弹出的快捷菜单中选择属性项

  D. 右击"资源管理器"窗口空白处,在弹出的快捷菜单中选择属性项

46. 中文 Windows 在安装时未预置的输入法为(　　)。

  A. 全拼   B. 双拼   C. 五笔字型   D. 郑码

47. 下面关于操作系统的叙述正确的是(　　)。

  A. 操作系统是用户和计算机之间的接口

  B. 操作系统是软件和硬件的接口

  C. 操作系统是主机和外设的接口

  D. 操作系统是源程序和目标程序的接口

48. 在(　　)删除的文件,没有进入"回收站"。

  A. "资源管理器"中   B. 桌面上

  C. 计算机中   D. U 盘中

49. 在 Windows 中,下列不能用在文件名中的字符是(　　)。

  A. ,   B. ^   C. ?   D. +

50. Windows 中,对文件和文件夹的管理是通过(　　)来实现的。

  A. 对话框   B. 剪贴板

  C. 资源管理器或计算机   D. 控制面板

51. 下列关于 Windows 菜单的叙述中,错误的是(　　)。

  A. 使用"开始"菜单的"注销"可更改用户

  B. 用户可以自己定义"开始"菜单

  C. "开始"菜单内设置有"控制面板"项

  D. "开始"按钮只能固定显示在桌面左下角

52. 下列关于 Windows 对话框的叙述中,错误的是(　　)。

  A. 对话框是提供给用户与计算机对话的界面

  B. 对话框的位置可以移动,但大小不能改变

  C. 对话框的位置和大小都不能改变

  D. 对话框中可能会出现滚动条

53. 在 Windows 中,利用查找窗口,不能用于文件查找的选项是(　　)。

  A. 文件属性   B. 文件有关日期

  C. 文件名称和位置   D. 文件大小

54. 双击鼠标左键一般表示(　　)。
    A. 选中、打开或拖放
    B. 选中、指定或切换到
    C. 拖放、指定或启动
    D. 启动、打开或运行

55. 在 Windows 默认状态下,下列关于文件复制的描述不正确的是(　　)。
    A. 利用鼠标左键拖动可实现文件复制
    B. 利用鼠标右键拖动不能实现文件复制
    C. 利用剪贴板可实现文件复制
    D. 利用组合键 Ctrl＋C 和 Ctrl＋V 可实现文件复制

56. 在 Windows 默认环境中,下列(　　)组合键能将选定的文档放入剪贴板中。
    A. Ctrl＋V　　　　　B. Ctrl＋Z　　　　　C. Ctrl＋X　　　　　D. Ctrl＋A

57. 在 Windows 中,若要将当前窗口存入剪贴板中,可以按(　　)。
    A. PrintScreen 键
    B. Ctrl＋PrintScreen 组合键
    C. Alt＋PrintScreen 组合键
    D. Shift＋PrintScreen 组合键

58. 任务栏可以放在(　　)。
    A. 桌面底部
    B. 桌面顶部
    C. 桌面两侧
    D. 以上说法均正确

59. 下列关于"回收站"的叙述中,正确的是(　　)。
    A. 只能改变位置不能改变大小
    B. 只能改变大小不能改变位置
    C. 既不能改变位置也不能改变大小
    D. 既能改变位置也能改变大小

60. "资源管理器"可用来(　　)。
    A. 管理文件夹
    B. 浏览网页
    C. 收发电子邮件
    D. 恢复被删除的文件

61. 当新的硬件安装到计算机上后,计算机启动即能自动检测到,为了在 Windows 上安装该硬件,只需(　　)。
    A. 根据计算机的提示一步一步进行
    B. 回到 DOS 下安装该硬件
    C. 无须安装驱动程序即可使用,即为即插即用
    D. 以上都不对

62. 在 Windows 中,有两个对系统资源进行管理的程序,它们是"资源管理器"和(　　)。
    A. 回收站　　　　　B. 剪贴板　　　　　C. 计算机　　　　　D. 我的文档

63. Windows 中的剪贴板是(　　)。
    A. 硬盘中的一块区域
    B. 软盘中的一块区域
    C. 高速缓存中的一块区域
    D. 内存中的一块区域

64. Windows 系统和 DOS 系统都属于计算机系统的(　　)。
    A. 应用软件层　　　B. 硬件层　　　　　C. 实用软件　　　　D. 操作系统层

65. 在"资源管理器"右窗格中,如果需要选定多个非连续排列的文件,应按组合键(　　)。
    A. Ctrl＋单击要选定的文件对象
    B. Alt＋单击要选定的文件对象
    C. Shift＋单击要选定的文件对象
    D. Ctrl＋双击要选定的文件对象

66. 在 Windows 操作系统中,不同文档之间互相复制信息需要借助于(　　)。

A. 剪贴板　　　　　　　B. 记事本　　　　　　C. 写字板　　　　　　D. 磁盘缓冲器

67. 在 Windows 默认配置中,按组合键(　　　)可以实现中文输入和英文输入之间的切换。

A. Ctrl＋空格键　　　B. Shift ＋空格键　　C. Ctrl＋Shift　　　D. Alt＋Tab

68. 在 Windows 中,文件夹名称不能是(　　　)。

A. 12＄-4＄　　　　　B. 11％＋4％　　　　C. 2＆3＝0　　　　　D. 11＊2!

69. 打印机不能打印文档的原因不可能是因为(　　　)。

A. 没有连接打印机　　　　　　　　　　B. 没有设置打印机

C. 没有经过打印预览查看　　　　　　　D. 没有安装打印驱动程序

70. 当前微型计算机上运行的 Windows Server 2012 系统属于(　　　)。

A. 网络操作系统　　　　　　　　　　　B. 单用户单任务操作系统

C. 多用户多任务操作系统　　　　　　　D. 单用户多任务操作系统

71. Windows 桌面中,任务栏的作用是(　　　)。

A. 记录已经执行完毕的任务,并报给用户,已经准备好执行新的任务

B. 记录正在运行的应用软件并可控制多个任务、多个窗口之间的切换

C. 列出用户计划执行的任务,供计算机执行

D. 列出计算机可以执行的任务,供用户选择,以方便在不同任务之间的切换

72. 当一个窗口已经最大化后,下列叙述中错误的是(　　　)。

A. 该窗口可以被关闭　　　　　　　　　B. 该窗口可以移动

C. 该窗口可以最小化　　　　　　　　　D. 该窗口可以还原

73. 在 Windows 窗口中,选中末尾带有省略号的菜单意味着(　　　)。

A. 将弹出下一级菜单　　　　　　　　　B. 将执行该菜单命令

C. 表明该菜单项已被选用　　　　　　　D. 将弹出一个对话框

74. “回收站”中可以是(　　　)。

A. 文件　　　　　　　　B. 文件夹　　　　　　C. 快捷方式　　　　　D. 以上都对

75. 下面关于文件夹的命名中说法不正确的是(　　　)。

A. 可以使用长文件名　　　　　　　　　B. 可以包含空格

C. 其中可以包含?　　　　　　　　　　D. 其中不能包含＜

76. 在 Windows 7 中有两个管理系统资源的程序,它们是(　　　)。

A. 计算机和控制面板　　　　　　　　　B. 资源管理器和控制面板

C. 计算机和资源管理器　　　　　　　　D. 控制面板和开始菜单

77. 在 Windows 中,若连续进行了多次剪切操作后,剪贴板中存在的是(　　　)。

A. 空白　　　　　　　　　　　　　　　B. 所有剪切过的内容

C. 最后一次剪切的内容　　　　　　　　D. 第一次剪切的内容

78. 在 Windows 中,下列启动查找程序的操作中,(　　　)是错误的。

A. 单击“开始”按钮,选择“开始”菜单中的查找项

B. 右击计算机图标,单击快捷菜单中的查找命令

C. 在“资源管理器”窗口中,单击工具菜单中的查找命令

D. 在 Word 程序窗口中,单击编辑菜单中的查找命令

79. 下面几种操作系统中,(　　)不是网络操作系统。

    A. MS-DOS　　　　　　B. Windows 2000　　C. Windows 7　　　　D. UNIX

80. 操作系统的主要功能是(　　)。

    A. 实现软、硬件转换　　　　　　　　　B. 管理系统的所有软、硬件资源

    C. 把源程序转换为目标程序　　　　　　D. 进行数据处理

81. 在 Windows 的计算机窗口中,若已选定了文件或文件夹,为了设置其属性,可以打开属性对话框的操作是(　　)。

    A. 右击文件菜单中的属性命令

    B. 右击该文件或文件夹名,然后从弹出的快捷菜单中选属性项

    C. 右击任务栏中的空白处,然后从弹出的快捷菜单中选择属性项

    D. 右击查看菜单中工具栏下的属性图标

82. 下面正确的说法是(　　)。

    A. Windows 是美国微软公司的产品

    B. Windows 是美国 COMPAG 公司的产品

    C. Windows 是美国 IBM 公司的产品

    D. Windows 是美国 HP 公司的产品

83. Windows 中,在不同的应用程序之间切换的组合键是(　　)。

    A. Ctrl+Tab　　　　　B. Alt+Tab　　　　C. Shift+Tab　　　　D. Ctrl+Break

84. "资源管理器"中文件菜单的复制命令可以用来复制(　　)。

    A. 菜单项　　　　　　B. 文件夹　　　　　C. 窗口　　　　　D. 对话框

85. 在 Windows 的"资源管理器"窗口中,如果想一次选定多个分散的文件或文件夹,正确的操作是(　　)。

    A. 按住 Ctrl 键,右击,逐个选取

    B. 按住 Ctrl 键,单击,逐个选取

    C. 按住 Shift 键,右击,逐个选取

    D. 按住 Shift 键,单击,逐个选取

86. 在计算机系统中,操作系统是(　　)。

    A. 处于系统软件之上的用户软件　　　　B. 处于裸机之上的第一层软件

    C. 处于应用软件之上的系统软件　　　　D. 处于硬件之下的低层软件

87. 在 Windows"资源管理器"窗口中,为了将选定的硬盘上的文件或文件夹复制到软盘,应进行的操作是(　　)。

    A. 先将它们删除并放入"回收站",再从"回收站"中恢复

    B. 用鼠标左键将它们从硬盘拖动到软盘

    C. 先执行编辑菜单下的剪切命令,再执行编辑菜单下的粘贴命令

    D. 用鼠标右键将它们从硬盘拖动到软盘,并从弹出的快捷菜单中选择移动到当前位置

88. 选取连续项目时,必须按(　　)。

    A. Del 键　　　　　　B. Shift 键　　　　C. Alt 键　　　　　D. Ctrl 键

89. 以下关于 Windows 快捷方式的说法正确的是(　　)。

A. 一个对象可有多个快捷方式

B. 一个快捷方式可指向多个目标对象

C. 快捷方式建立后不可删除

D. 不允许为快捷方式建立快捷方式

90. 控制面板的作用是(　　)。

A. 安装管理硬件设备

B. 添加或删除应用程序

C. 改变桌面屏幕设置

D. 进行系统管理和系统设置

91. 在中文 Windows 输入中文标点符号状态下,按下列(　　)键可以输入中文标点符号顿号(　　)。

A. ~　　　　　　　B. &　　　　　　　C. \　　　　　　　D. @

92. 以下说法中不正确的是(　　)。

A. 启动应用程序的一种方法是在其图标上右击,再从其快捷菜单上选择打开命令

B. 删除了一个应用程序的快捷方式就删除了相应的应用程序文件

C. 在中文 Windows 7 中利用 Ctrl+空格键可在英文输入法和选中的中文输入法间切换

D. 将一个文件图标拖放到另一个驱动器图标上,将复制这个文件到另一个磁盘上

93. 在 Windows 中,下列关于"回收站"的叙述中,(　　)是正确的。

A. 不论从硬盘还是软盘上删除的文件都可以用"回收站"恢复

B. 不论从硬盘还是软盘上删除的文件都不能用"回收站"恢复

C. 用 Delete(Del)键从硬盘上删除的文件可用"回收站"恢复

D. 用 Shift+Delete(Del)键从硬盘上删除的文件可用"回收站"恢复

94. 一般情况下,要打开文件,正确的操作是(　　)。

A. 用鼠标单击该图标

B. 用鼠标双击该图标

C. 选择该图标后按 Enter 键

D. B 与 C 都对

95. 运行磁盘碎片整理程序可以(　　)。

A. 增加磁盘的存储空间

B. 找回丢失的文件碎片

C. 加快文件的读写速度

D. 整理破碎的磁盘片

96. 在 Windows 的"回收站"中,可以恢复(　　)。

A. 从硬盘中删除的文件或文件夹

B. 从软盘中删除的文件或文件夹

C. 剪切掉的文档

D. 从光盘中删除的文件或文件夹

97. 在 Windows 中,下列叙述正确的是(　　)。

A. "开始"菜单只能用鼠标单击"开始"按钮才能打开

B. Windows 任务栏的大小是不能再改变的

C. "开始"菜单是系统生成的,用户不能再设置它

D. Windows 任务栏可以放在桌面 4 个边的任意边上

98. 在 Windows 中可按(　　)键得到帮助信息。

A. F1　　　　　　　B. F2　　　　　　　C. F3　　　　　　　D. F10

99. 在 Windows 中,文件不包括下列(　　)属性。

A. 系统　　　　　　B. 运行　　　　　　C. 隐藏　　　　　　D. 只读

100. Windows 7 是一种(　　)。

A. 诊断程序　　　　　B. 系统软件　　　　　C. 工具软件　　　　　D. 应用软件

101. 在 Windows 中,关于剪贴板的叙述中,不正确的是(　　)。

A. 凡是有剪切和复制命令的地方,都可以把选取的信息送到剪贴板中

B. 剪贴板中的信息可被复制多次

C. 剪贴板中的信息可以自动保存成磁盘文件并长期保存

D. 剪贴板既能存放文字,还能存放图片等

102. 当程序因某种原因陷入死循环,下列(　　)能较好地结束该程序。

A. 按 Ctrl＋Alt＋Del 组合键,然后选择结束任务结束该程序的运行

B. 按 Ctrl＋Del 组合键,然后选择结束任务结束该程序的运行

C. 按 Alt＋Del 组合键,然后选择结束任务结束该程序的运行

D. 直接 Reset 计算机结束该程序的运行

103. Windows 中自带的网络浏览器是(　　)。

A. NETSCAPE　　　　　　　　　　　B. Internet Explorer

C. CUTFTP　　　　　　　　　　　　D. HOT-MAIL

104. 在 Windows 中文件夹名称不能是(　　)。

A. 12％＋3％　　　　B. 12＄-3＄　　　　C. 12＊3!　　　　D. 1&2＝0

105. 在 Windows 默认状态下,进行全角/半角切换的组合键是(　　)。

A. Alt＋.　　　　B. Shift＋空格　　　　C. Alt＋空格　　　　D. Ctrl＋.

106. 在 Windows 中,用户同时打开的多个窗口可以层叠式或平铺式排列,要想改变窗口的排列方式,应进行的操作是(　　)。

A. 右击任务栏空白处,然后在弹出的快捷菜单中选取要排列的方式

B. 右击桌面空白处,然后在弹出的快捷菜单中选取要排列的方式

C. 先打开"资源管理器"窗口,选择其中的查看菜单下的排列图标项

D. 先打开"计算机"窗口,选择其中的查看菜单下的排列图标项

107. 把 Windows 的窗口和对话框作一比较,窗口可以移动和改变大小,而对话框(　　)。

A. 既不能移动,也不能改变大小　　　B. 仅可以移动,不能改变大小

C. 仅可以改变大小,不能移动　　　　D. 既能移动,也能改变大小

108. 右击计算机,并在弹出的快捷菜单中选择属性,可以直接打开(　　)。

A. 系统属性　　　　B. 控制面板　　　　C. 硬盘信息　　　　D. C 盘信息

109. 在 Windows 中,若要同时运行两个程序,则(　　)。

A. 两个程序可以同一时刻占用同一处理器

B. 只有在一个程序放弃处理器控制权后,另一个程序才能占用该处理器

C. 一个程序占用处理器运行时,另一个程序可以抢占该处理器运行

D. 一个程序一直占用处理器并运行完成后,另一个程序才能占用该处理器

110. 若想要移动窗口的位置,应将鼠标放在窗口的(　　)。

A. 任务钮　　　　B. 标题栏　　　　C. 滚动轴　　　　D. 边界上

111. 通常在 Windows 的附件中不包含的应用程序是(　　)。

A. 记事本　　　　B. 画图　　　　C. 计算器　　　　D. 公式

112. 剪切的组合键是（　　）。

    A．Ctrl＋X   B．Alt＋A

    C．Ctrl＋A   D．Ctrl＋Alt＋A

113. 在 Windows 中，若已选定某文件，不能将该文件复制到同一文件夹下的操作是（　　）。

    A．用鼠标右键将该文件拖动到同一文件夹下

    B．先执行编辑菜单中的复制命令，再执行粘贴命令

    C．用鼠标左键将该文件拖动到同一文件夹下

    D．按 Ctrl 键，再用鼠标右键将该文件拖动到同一文件夹下

114. 直接删除文件，不送入"回收站"的组合键是（　　）。

    A．Ctrl＋Del   B．Shift＋Del   C．Alt＋Del   D．Del

115. 在 Windows 下，硬盘中被删除或暂时删除的文件被放在（　　）。

    A．根目录下   B．回收站   C．控制面板   D．光驱

116. 在 Windows 中，复制操作的组合键是（　　）。

    A．Ctrl＋V   B．Ctrl＋X

    C．Ctrl＋C   D．Ctrl＋Backspace

117. 在 Windows 中，下列不能进行文件夹重命名操作的是（　　）。

    A．用"资源管理器"窗口中文件下拉菜单中的"重命名"命令

    B．右击文件，在弹出的快捷菜单中选择"重命名"命令

    C．选定文件后再按 F4 键

    D．选定文件后再单击文件名一次

118. 在 Windows"资源管理器"窗口中，左部显示的内容是（　　）。

    A．所有未打开的文件夹   B．系统的树形文件夹结构

    C．打开的文件下的子文件夹及文件   D．所有已打开的文件夹

119. Windows 中，文件名中不能包括的符号是（　　）。

    A．♯   B．＞   C．～   D．；

120. 关于"开始"菜单，下列说法正确的是（　　）。

    A．"开始"菜单的内容是固定不变的

    B．可以在"开始"菜单的程序中添加应用程序，但不可以在程序菜单中添加

    C．"开始"菜单和程序里面都可以添加应用程序

    D．以上说法都不正确

121. 在 Windows 中，关闭 Windows 对话框不包含的选取项是（　　）。

    A．注销   B．重新启动计算机

    C．关闭计算机   D．锁定

122. 在 Windows 7 中选取某一菜单后，若命令后面带有…，则表示（　　）。

    A．将弹出对话框   B．已被删除

    C．当前不能使用   D．该命令正在起作用

123. Windows 的开始菜单包括了 Windows 系统的（　　）。

    A．主要功能   B．全部功能   C．部分功能   D．初始化功能

124. 菜单中( )选项可以让用户在两个状态之间进行切换。

　　A. 名字前带有对号记号的　　　　　　　　B. 名字前带有序号的

　　C. 名字前带有实心圆点记号的　　　　　　D. 名字后面带有省略号的

125. 在"资源管理器"左窗口中,单击文件夹中的图标可以( )。

　　A. 在左窗口中扩展该文件夹

　　B. 在右窗口中显示文件夹中的子文件夹和文件

　　C. 在左窗口中显示子文件夹

　　D. 在右窗口中显示该文件夹中的文件

126. 在 Windows 7 中默认的键盘中西文切换方法是( )。

　　A. Ctrl+Space　　　B. Ctrl+Shift　　　C. Ctrl+Alt　　　D. Shift+Alt

127. 在"打印机"窗口有一正被打印的文档,选择"文档"菜单项中的( )项可暂停打印。

　　A. 取消　　　　　　B. 暂停　　　　　　C. 查看　　　　　　D. 删除

128. 在 Windows 的"资源管理器"窗口中,如果想一次选定多个分散的文件或文件夹,正确的操作是( )。

　　A. 按住 Ctrl 键,用鼠标右键逐个选取

　　B. 按住 Ctrl 键,用鼠标左键逐个选取

　　C. 按住 Shift 键,用鼠标右键逐个选取

　　D. 按住 Shift 键,用鼠标左键逐个选取

129. 下列名字中,是 Windows 合法文件名的有( )。

　　A. A??.TXT　　　　　　　　　　　　B. A/B/C

　　C. ABDC＊.TXT　　　　　　　　　　D. YOUR.TXT

130. 单击某应用程序窗口的最小化按钮后,该应用程序处于( )的状态。

　　A. 不确定　　　　　　　　　　　　　B. 被强制关闭

　　C. 被暂时挂起　　　　　　　　　　　D. 在后台继续运行

131. 在 Windows 中实施打印前( )。

　　A. 需要安装打印应用程序

　　B. 用户需要根据打印机的型号安装相应的打印机驱动程序

　　C. 不需要安装打印机驱动程序

　　D. 系统将自动安装打印机驱动程序

132. 在 Windows 中,用创建快捷方式创建的图标( )。

　　A. 可以是任何文件或文件夹　　　　　　B. 只能是可执行程序或程序组

　　C. 只能是单个文件　　　　　　　　　　D. 只能是程序文件和文档文件

133. 对话框外形和窗口差不多,( )。

　　A. 也有菜单栏　　　　　　　　　　　　B. 也有标题栏

　　C. 也有最大化、最小化按钮　　　　　　D. 也允许用户改变其大小

134. 在"计算机"窗口中,使用( )可以按名称、类型、大小和日期排列窗口中的内容。

　　A. "文件"菜单　　　B. 快捷菜单　　　C. 工具菜单　　　D. "编辑"菜单

135. 在 Windows 操作中,若鼠标指针变成了 I 形状,则表示( )。

    A. 当前系统正在访问磁盘

    B. 可以改变窗口大小

    C. 可以改变窗口位置

    D. 鼠标光标所在位置可以从键盘输入文本

136. 文件夹中不可存取( )。

    A. 字符   B. 一个文件   C. 文件夹   D. 多个文件

137. 在中文 Windows 中,使用软键盘可以快速地输入各种特殊符号。如想撤销弹出的软键盘,正确的操作为( )。

    A. 单击软键盘上的 Esc 键

    B. 右击软键盘上的 Esc 键

    C. 右击中文输入法状态窗口中的开启/关闭软件键盘按钮

    D. 单击中文输入法状态窗口中的开启/关闭软件键盘按钮

138. Windows 7 系统安装并启动后,由系统安排在桌面上的图标是( )。

    A. 资源管理器   B. 回收站

    C. Microsoft Word   D. Microsoft FoxPro

139. 在 Windows"资源管理器"左部窗口中,若显示的文件夹图标前带有加号(+),意味着该文件夹( )。

    A. 含有下级文件夹   B. 仅含文件

    C. 是空文件夹   D. 不含下级文件夹

140. 在 Windows 中可以用"回收站"恢复( )上被误删的文件。

    A. U 盘   B. 硬盘   C. 外存储器   D. 光盘

141. 以下除( )外都是 Windows 7 自带的工具。

    A. 记事本   B. 画图工具   C. 写字板   D. 电子表格

142. 关于 Windows 的文件名描述正确的是( )。

    A. 文件主名只能为 8 个字符

    B. 可长达 255 个字符,无须扩展名

    C. 文件名中不能有空格出现

    D. 可长达 255 个字符,同时仍保留扩展名

143. 无论冷启动或热启动计算机,启动 Windows 实质上是( )。

    A. 将 Windows 的系统文件从外存调入内存,使操作系统处于待命状态

    B. 给计算机硬件系统加电,使计算机由断电状态转变为通电状态

    C. 检测或清除软件故障,调出桌面

    D. 检测计算机的内存、磁盘驱动器和光盘驱动器、键盘和打印机等硬件

144. 正常情况下,Windows 的重新热启动计算机方法是( )。

    A. 单击"控制面板",单击系统图标,在菜单中选择"重新启动系统"

    B. 按 Ctrl+Alt+Del 组合键

    C. 单击"开始"按钮,单击菜单的关闭系统选项,再单击"重新启动计算机"选项

    D. 按主机箱前方面板上的 Reset 键

145. 对话框和窗口的区别是：对话框（　　　）。

　　A. 标题栏下面有菜单

　　B. 标题栏上无最小化按钮

　　C. 只能移动而不能缩小

　　D. 单击最大化按钮可放大到整个屏幕

146. 在 Windows 默认环境中，在窗口之间切换的组合键是（　　　）。

　　A. Ctrl＋Tab　　　　B. Ctrl＋F6　　　　C. Alt＋Tab　　　　D. Alt＋F6

147. Windows 中，每启动一个窗口程序，在任务栏上就会出现一个（　　　）。

　　A. 任务按钮　　　　B. 图标　　　　C. 文件夹　　　　D. 窗口

148. 在 Windows 的"计算机"窗口中，若已选定硬盘上的文件或文件夹，并先后按了 Del 键和"确定"按钮，则该文件或文件夹将（　　　）。

　　A. 被删除并放入"回收站"　　　　B. 不被删除也不放入"回收站"

　　C. 被删除但不放入"回收站"　　　　D. 不被删除但放入"回收站"

149. 关于 Windows 的说法，正确的是（　　　）。

　　A. Windows 是迄今为止使用最广泛的应用软件

　　B. 使用 Windows 时，必须要有 MS-DOS 的支持

　　C. Windows 是一种图形用户界面操作系统，是系统操作平台

　　D. 以上说法都不正确

150. 同一驱动器要用光标拖动复制文件时，必须按（　　　）。

　　A. Ctrl 键　　　　B. Shift 键　　　　C. Alt 键　　　　D. Ins 键

8.3　计算机网络

1. 在浏览器中，如果要浏览刚刚看过的那个 Web 页面，应该单击（　　　）按钮。

　　A. 历史　　　　B. 刷新　　　　C. 前进　　　　D. 后退

2. 拨号上网的硬件中除了计算机和电话线外还必须有（　　　）。

　　A. 鼠标　　　　B. 键盘　　　　C. 调制解调器　　　　D. 拨号连接

3. 在计算机网络中，表征数据传输可靠性的指标是（　　　）。

　　A. 传输率　　　　B. 误码率　　　　C. 信息容量　　　　D. 频带利用率

4. 在下列网络的传输介质中，抗干扰能力最好的一个是（　　　）。

　　A. 光缆　　　　B. 同轴电缆　　　　C. 双绞线　　　　D. 电话线

5. 选择网卡的主要依据是组网的拓扑结构、（　　　）、网络段的最大长度和结点之间的距离。

　　A. 接入网络的计算机种类　　　　B. 使用的传输介质的类型

　　C. 使用的网络操作系统的类型　　　　D. 互联网络的模型

6. 下列属于微型计算机网络所特有的设备是（　　　）。

　　A. 显示器　　　　B. UPS 电源　　　　C. 服务器　　　　D. 鼠标器

7. 以下有关光纤通信的说法中错误的是（　　　）。

　　A. 光纤通信是利用光导纤维传导光信号来进行通信的

B. 光纤通信具有通信容量大、保密性强和传输距离长等优点

C. 光纤线路的损耗大,所以每隔1~2km就需要中继器

D. 光纤通信常用波分多路复用技术提高通信容量

8. 一座办公大楼内各个办公室中的微型计算机进行联网,这个网络属于(　　　)。

    A. WAN　　　　　　　　B. LAN　　　　　　　　C. MAN　　　　　　　　D. PAN

9. 主要用于实现两个不同网络互联的设备是(　　　)。

    A. 转发器　　　　　　　B. 集线器　　　　　　　C. 路由器　　　　　　　D. 调制解调器

10. Internet 的基础和核心是(　　　)。

    A. TCP/IP 协议　　　　B. FTP　　　　　　　　C. E-mail　　　　　　　D. WWW

11. 在 ISO/OSI 七层模型中,最低层为(　　　)。

    A. 网络层　　　　　　　B. 传输层　　　　　　　C. 物理层　　　　　　　D. 数据链路层

12. 用 IE 浏览网页时,当鼠标移动到某一位置时,鼠标指针变成小手,说明该位置有(　　　)。

    A. 病毒　　　　　　　　B. 超链接　　　　　　　C. 黑客　　　　　　　　D. 错误

13. Internet 是目前世界上第一大互联网,它起源于美国,其雏形是(　　　)。

    A. CERNET　　　　　　B. CHINANET　　　　　C. ARPANET　　　　　D. CATV

14. 下列不属于 OSI(开放系统互联)参考模型七个层次的是(　　　)。

    A. 会话层　　　　　　　B. 数据链路层　　　　　C. 用户层　　　　　　　D. 应用层

15. WWW 就是通常说的(　　)的简称。

    A. 电子邮件　　　　　　　　　　　　　　　B. 网络广播

    C. 全球信息服务系统　　　　　　　　　　　D. 网络电话

16. 计算机网络中,若所有的计算机都连接到一个中心节点上,当一个节点需要传输数据时,首先传输到中心节点上,然后由中心节点转发到目的节点,这种连接结构称为(　　　)。

    A. 总线结构　　　　　　B. 环型结构　　　　　　C. 星型结构　　　　　　D. 网状结构

17. 下列各选项中,不属于 Internet 应用的是(　　　)。

    A. 新闻组　　　　　　　B. 远程登录　　　　　　C. 网络协议　　　　　　D. 搜索引擎

18. 局域网硬件中主要包括工作站、网络适配器、传输介质和(　　　)。

    A. Modem　　　　　　　B. 交换机　　　　　　　C. 打印机　　　　　　　D. 中继站

19. 通常网络用户使用的电子邮箱建在(　　　)。

    A. 用户的计算机上　　　　　　　　　　　　B. 发件人的计算机上

    C. ISP 的邮件服务器上　　　　　　　　　　D. 收件人的计算机上

20. 下列正确的 IP 地址是(　　　)。

    A. 202.112.111.1　　　　　　　　　　　　B. 202.2.2.2.2

    C. 202.202.1　　　　　　　　　　　　　　D. 202.257.14.13

21. 匿名 FTP 服务的含义是(　　　)。

    A. 有账户的用户才能登录服务器

    B. 只能上传,不能下载

    C. 允许没有账户的用户登录服务器,并下载文件

    D. 免费提供 Internet 服务

22. 接入因特网的每台主机都有一个唯一可识别的地址,称为(　　)。

    A. TCP 地址 　　　　B. IP 地址 　　　　C. TCP/IP 地址 　　　D. URL

23. 有线传输介质中传输速度最快的是(　　)。

    A. 电话线 　　　　　B. 网络线 　　　　　C. 红外线 　　　　D. 光纤

24. FTP 协议是一种用于(　　)的协议。

    A. 传输文件 　　　　　　　　　　　　　B. 提高网络传输速度

    C. 网络互联 　　　　　　　　　　　　　D. 提高计算机速度

25. OSI 开放式网络系统互联标准的参考模型由(　　)层组成。

    A. 5 　　　　　　　　B. 6 　　　　　　　　C. 7 　　　　　　　　D. 8

26. 下列关于域名的说法正确的是(　　)。

    A. 域名就是 IP 地址

    B. 域名的使用对象仅限于服务器

    C. 域名完全由用户自行定义

    D. 域名系统按地理域或机构域分层、采用层次结构

27. 以下(　　)不需要连入 Internet。

    A. 发电子邮件 　　　　　　　　　　　　B. 接收电子邮件

    C. 申请电子邮件 　　　　　　　　　　　D. 撰写电子邮件

28. 访问 Web 网站时用的工具叫浏览器,下列(　　)就是目前常用的 Web 浏览器之一。

    A. Internet Explorer 　　　　　　　　　B. Outlook Express

    C. Yahoo 　　　　　　　　　　　　　　D. FrontPage

29. 计算机网络中传输介质传输速率的单位是 b/s,其含义是(　　)。

    A. 字节/秒 　　　　　　　　　　　　　B. 字/秒

    C. 字段/秒 　　　　　　　　　　　　　D. 二进制位/秒

30. Internet 最初创建时的应用领域是(　　)。

    A. 经济 　　　　　　　B. 军事 　　　　　　C. 教育 　　　　　D. 外交

31. 计算机网络按其覆盖的范围,可划分为(　　)。

    A. 以太网和移动通信网 　　　　　　　　B. 局域网、城域网和广域网

    C. 电路交换网和分组交换网 　　　　　　D. 星形结构、环形结构和总线结构

32. Modem 的中文名称是(　　)。

    A. 计算机网络 　　　B. 鼠标器 　　　　　C. 电话 　　　　D. 调制解调器

33. 网络软件包括(　　)、网络服务器软件、客户端软件。

    A. Windows 　　　　　　　　　　　　　B. UNIX

    C. 通信控制软件 　　　　　　　　　　　D. 网络操作系统

34. 计算机连成网络的最重要优势是(　　)。

    A. 提高计算机运行速度 　　　　　　　　B. 可以打网络电话

    C. 提高计算机存储容量 　　　　　　　　D. 实现各种资源共享

35. 下列各项中,非法的 Internet IP 地址是(　　)。

    A. 202.96.12.14 　　　　　　　　　　　B. 202.196.72.140

C. 112.256.23.8   D. 201.124.38.79

36. 根据域名代码规定,表示政府部门网站的域名代码是(　　)。
    A. .net   B. .com   C. .gov   D. .org

37. 下列 IP 地址中,属于 A 类 IP 地址的是(　　)。
    A. 192.168.43.254   B. 127.16.1.100
    C. 126.127.128.129   D. 172.16.1.200

38. 调制解调器的主要功能是(　　)。
    A. 模拟信号的放大
    B. 数字信号的放大
    C. 数字信号的编码
    D. 模拟信号与数字信号之间的相互转换

39. 因特网中 IP 地址用 4 组十进制数表示,每组数字的取值范围是(　　)。
    A. 0～127   B. 0～128   C. 0～255   D. 0～256

40. 拥有计算机并以拨号方式接入 Internet 网的用户需要使用(　　)。
    A. CD-ROM   B. 鼠标   C. U 盘   D. Modem

41. 在电子邮件地址中,符号@后面的部分是(　　)。
    A. 用户名   B. 主机域名
    C. IP 地址   D. 其他三项都不对

42. 中国公用计算机互联网的英文简写是(　　)。
    A. CHINANET   B. CERNET   C. NSFNET   D. CATV

43. 下列 4 项中,合法的 IP 地址是(　　)。
    A. 190.220.5   B. 206.53.0.78
    C. 206.53.312.76   D. 123,43,82,220

44. Internet Explorer 是目前流行的浏览器软件,它的主要功能之一是浏览(　　)。
    A. 网页文件   B. 文本文件   C. 多媒体文件   D. 图像文件

45. 上网需要在计算机上安装(　　)。
    A. 数据库管理软件   B. 视频播放软件
    C. 浏览器软件   D. 网络游戏软件

46. (　　)是网络的心脏,它提供了网络最基本的核心功能,如网络文件系统,存储器的管理和调度等。
    A. 服务器   B. 工作站
    C. 服务器操作系统   D. 通信协议

47. 网络互联设备通常分成以下 4 种,在不同的网络间存储并转发分组,必要时可通过(　　)进行网络层上的协议转换。
    A. 中继器   B. 网关   C. 协议转换器   D. 桥接器

48. 下列 4 项中,为合法 IP 地址的是(　　)。
    A. 192.168.5   B. 192.38.5.278
    C. 210.38.160.100   D. 196,138,38,220

49. 电子邮件地址的一般格式为(　　)。

A. 域名@IP 地址　　　　　　　　　　　B. 域名@用户名

C. 用户名@域名　　　　　　　　　　　D. IP 地址@域名

50. 关于电子邮件，下列说法错误的是(　　　　)。

A. 可以同时向多个电子邮件地址发送　　B. 必须知道收件人的 E-mail 地址

C. 收件人必须有自己的邮政编码　　　　D. 发件人必须有自己的 E-mail 账号

51. 写邮件时，除了发件人地址外，另一项必须要填写的是(　　　　)。

A. 信件内容　　　　B. 收件人地址　　　　C. 主题　　　　D. 抄送

52. IPv4 地址和 IPv6 地址的位数分别为(　　　　)。

A. 4,6　　　　B. 8,16　　　　C. 16,24　　　　D. 32,128

53. 网络中各节点的互联方式叫作网络的(　　　　)。

A. 拓扑结构　　　　B. 协议　　　　C. 分层结构　　　　D. 分组结构

54. 域名 ABC. XYZ. COM. CN 中主机名是(　　　　)。

A. ABC　　　　B. XYZ　　　　C. COM　　　　D. CN

55. 若网络的各个节点通过中继器连接成一个闭合环路，则称这种拓扑结构称为(　　　　)。

A. 总线型拓扑　　　　B. 星形拓扑　　　　C. 树形拓扑　　　　D. 环形拓扑

56. 局域网中，提供并管理共享资源的计算机称为(　　　　)。

A. 网桥　　　　B. 网关　　　　C. 服务器　　　　D. 工作站

57. 目前网络传输介质中传输速率最高的是(　　　　)。

A. 双绞线　　　　B. 同轴电缆　　　　C. 光缆　　　　D. 电话线

58. OSI/RM 的中文含义是(　　　　)。

A. 网络通信协议　　　　　　　　　　　B. 国家信息基础设施

C. 公共数据通信网　　　　　　　　　　D. 开放系统互联参考模型

59. 国际标准化组织(ISO)制定的开放系统互联(OSI)参考模型有七个层次。下列 4 个层次中最高的是(　　　　)。

A. 表示层　　　　B. 网络层　　　　C. 会话层　　　　D. 物理层

60. 计算机网络最突出的优点是(　　　　)。

A. 提高可靠性　　　　　　　　　　　　B. 提高计算机的存储容量

C. 运算速度快　　　　　　　　　　　　D. 实现资源共享和快速通信

61. OSI 参考模型中的第二层是(　　　　)。

A. 网络层　　　　B. 数据链路层　　　　C. 传输层　　　　D. 物理层

62. 下列(　　　　)是计算机网络的功能。

A. 文件传输　　　　B. 设备共享　　　　C. 信息传递与交换　　D. 以上均是

63. 局域网使用的数据传输介质有同轴电缆、光缆和(　　　　)。

A. 电话线　　　　B. 双绞线　　　　C. 总线　　　　D. 电缆线

64. Internet 实现了分布在世界各地的各类网络的互联，其最基础和核心的协议是(　　　　)。

A. TCP/IP　　　　B. FTP　　　　C. HTML　　　　D. HTTP

65. 以下 4 项中，表示用 jkx 账号在新浪网申请的邮箱是(　　　　)。

A. jkx@sina. com. cn　　　　　　　　B. jkx

C. www. sina. com. cn/jkx　　　　　　D. jkx. sina. com. cn

66. www.hbeu.edu.cn 是 Internet 上一台计算机的( )。

    A. 域名   B. IP 地址   C. 非法地址   D. 协议名称

67. 要在 Web 浏览器中查看某一电子商务公司的主页,应知道( )。

    A. 该公司的电子邮件地址   B. 该公司法人的电子邮箱

    C. 该公司的 WWW 地址   D. 该公司法人的 QQ 号

68. ( )是指连入网络的不同档次、不同型号的微型计算机,它是网络中实际为用户操作的工作平台,它通过插在微型计算机上的网卡和连接电缆与网络服务器相连。

    A. 网络工作站   B. 网络服务器

    C. 传输介质   D. 网络操作系统

69. 广域网中采用的交换技术大多是( )。

    A. 电路交换   B. 报文交换   C. 分组交换   D. 自定义交换

70. 下列内容中,不属于 Internet 基本功能的是( )。

    A. 电子邮件   B. 文件传输

    C. 远程登录   D. 实时监测控制

71. 局域网(LAN)是指在( )范围内的网络。

    A. 5km   B. 10km   C. 50km   D. 100km

72. 下面关于 Web 页的叙述,不正确的是( )。

    A. Web 页可以用文档的形式保存

    B. 可以直接在地址栏中输入想要访问的 Web 页的地址,即可访问 Web 页

    C. 可以利用搜索引擎搜索要进行访问的 Web 页

    D. 可以根据自己的方式任意编辑 Web 页

73. 域名中的后缀.gov 表示机构所属类型为( )。

    A. 教育机构   B. 商业公司   C. 政府机构   D. 军事机构

74. Internet 中的每台计算机都被分配一个唯一的逻辑地址,称为( )。

    A. 网络号   B. 主机号   C. MAC 地址   D. IP 地址

75. 局域网的主要特点是( )。

    A. 地理范围在几公里的有限范围内   B. 需要使用网关

    C. 体系结构为 TCP/IP 参考模型   D. 需要使用调制解调器连接

76. HTTP 是( )。

    A. 网址   B. 统一资源定位器

    C. 高级语言   D. 超文本传输协议

77. 从网上下载软件时,使用的网络服务类型是( )。

    A. 文件传输   B. 远程登录   C. 信息浏览   D. 电子邮件

78. 若要将计算机与局域网连接,至少需要具有的硬件是( )。

    A. 集线器   B. 网关   C. 网卡   D. 路由器

79. 因特网能提供的最基本服务为( )。

    A. Newsgroup,Telnet,E-mail   B. Telnet,FTP,WAIS

    C. Gopher,finger,WWW   D. E-mail,WWW,FTP

80. 通常所说的 ADSL 是指( )。

A. 网页制作方式   B. 上网方式

C. 网络协议名称   D. 网络服务商

81. 下列各项中,正确的电子邮箱地址是( )。

    A. J201@sina.com   B. TD202♯yahoo.com

    C. 112.256.23.8   D. jkx&yahoo.com

82. 在计算机网络术语中,WAN 的中文含义是( )。

    A. 以太网   B. 互联网   C. 局域网   D. 广域网

83. 域名中的后缀.edu 表示机构所属类型为( )。

    A. 教育机构   B. 商业公司   C. 政府机构   D. 军事机构

84. 通信双方必须共同遵守的规则和约定称为网络( )。

    A. 合同   B. 协议   C. 规范   D. 文本

85. 就计算机网络按规模分类而言,下列说法中规范的是( )。

    A. 网络可分为局域网,广域网,城域网

    B. 网络可分为光缆网,无线网,局域网

    C. 网络可分为公用网,专用网,远程网

    D. 网络可分为数字网,模拟网,通用网

86. 某台计算机的 IP 地址为 99.88.77.11,该地址属于 IP 地址为( )。

    A. A 类地址   B. B 类地址   C. C 类地址   D. D 类地址

87. Internet 中,用于实现域名和 IP 地址转换的是( )。

    A. SMTP   B. DNS   C. FTP   D. HTTP

88. 计算机网络的目标是实现( )。

    A. 数据处理   B. 文献检索

    C. 资源共享和信息传输   D. 信息传输

89. 能够利用无线移动网络上网的是( )。

    A. 内置无线网卡的笔记本电脑   B. 部分具有上网功能的手机

    C. 部分具有上网功能的平板电脑   D. 以上全部

90. 计算机网络的目的在于实现( )和信息交流。

    A. 资源共享   B. 远程通信   C. 网页浏览   D. 文件传输

91. 接入 Internet 并且支持 FTP 协议的两台计算机,对于它们之间的文件传输,下列说法正确的是( )。

    A. 只能传输文本文件   B. 不能传输图形文件

    C. 所有文件均能传输   D. 只能传输几种类型的文件

92. 当个人计算机以拨号方式接入 Internet 网时,必须使用的设备是( )。

    A. 网卡   B. 调制解调器   C. 电话机   D. 浏览器软件

93. TCP 协议的主要功能是( )。

    A. 对数据进行分组   B. 确保数据的可靠传输

    C. 确定数据传输路径   D. 提高数据传输速度

94. 若邮件服务器的地址是 exmail.qq.com,则用户正确的电子邮箱地址的格式是( )。

    A. 用户♯exmail.qq.com   B. 用户名@exmail.qq.com

C. 用户名 &exmail.qq.com　　　　　　　　D. 用户名 ＄exmail.qq.com

95. 用户要想在网上查询 WWW 信息,必须要安装并运行一个被称为( )的软件。

    A. HTTP　　　　　　B. YAHOO　　　　　　C. 浏览器　　　　　　D. 万维网

96. 当总线网的网段已超过最大距离时,可用( )来延伸。

    A. 中继器　　　　　　B. 路由器　　　　　　C. 不加处理　　　　　　D. 数据过滤器

97. 微软公司的网上浏览器是( )。

    A. Outlook Express　　　　　　　　　　B. Internet Explore

    C. FrontPage　　　　　　　　　　　　　D. Outlook

98. 域名 CH.MIT.EDU.CN 中主机名是( )。

    A. CH　　　　　　　　B. EDU　　　　　　　C. CN　　　　　　　　D. MIT

99. 计算机网络是按照( )相互通信的。

    A. 信息交换方式　　　B. 传输装置　　　　　C. 网络协议　　　　　D. 分类标准

100. 下列度量单位中,用来表示计算机网络数据传输速率(比特率)的是( )。

    A. MB/s　　　　　　　B. MIPS　　　　　　　C. GHz　　　　　　　　D. Mb/s

8.4　Word 2010

1. 在 Word 文档中,要使文本环绕剪贴画产生图文混排的效果,应该( )。

    A. 在快捷菜单中选择设置艺术字格式

    B. 在快捷菜单中选择设置自选图形的格式

    C. 在快捷菜单中选择设置剪贴画格式

    D. 在快捷菜单中选择设置图片的格式

2. 在 Word 2010 中,快速工具栏上标有软磁盘图形按钮的作用是( )文档。

    A. 打开　　　　　　　B. 保存　　　　　　　C. 新建　　　　　　　D. 打印

3. 在 Word 文档编辑中,如果想在某一个页面没有写满的情况下强行分页,可以插入( )。

    A. 边框　　　　　　　B. 项目符号　　　　　C. 分页符　　　　　　D. 换行符

4. 按原文件名保存的组合键是( )。

    A. Ctrl+A　　　　　　B. Ctrl+X　　　　　　C. Ctrl+C　　　　　　D. Ctrl+S

5. 在 Word 常用工具栏中,"格式刷"可用于复制文本或段落的格式,若要将选择中的文本或段落格式重复应用多次,则最有效的操作方法是( )。

    A. 单击"格式刷"按钮　　　　　　　　　B. 双击"格式刷"按钮

    C. 右击"格式刷"按钮　　　　　　　　　D. 拖动"格式刷"按钮

6. 删除一个段落标记后,前后两段将合并成一段,原段落格式的编排( )。

    A. 后一段格式未定　　　　　　　　　　B. 前一段将采用后一段的格式

    C. 后一段将采用前一段的格式　　　　　D. 没有变化

7. 在 Word 文档中有一段落的最后一行只有一个字符,想把该字符合并到上一行,下述方法中( )无法达到该目的。

    A. 减少页的左右边距　　　　　　　　　B. 减小该段落的字体的字号

C. 减小该段落的字间距   D. 减小该段落的行间距

8. 在 Word 文档窗口中,当"编辑"菜单中的"剪切"和"复制"命令项呈浅灰色而不能被选择时,表示的是(   )。

A. 选定的文档内容太长,剪贴板放不下   B. 剪贴板里已经有信息了

C. 在文档中没有选定任何信息   D. 正在编辑的内容是页眉或页脚

9. 如果想选中 Word 文档中的一句话,则应按住(   )键单击句中任意位置。

A. 左 Shift   B. 右 Shift   C. Ctrl   D. Alt

10. 在查找替换过程中,如果只替换当前被查到的字符串,应单击(   )按钮。

A. 查找下一处   B. 替换   C. 全部替换   D. 格式

11. Word 中,当前已打开一个文件,若想打开另一文件则(   )。

A. 首先关闭原来的文件,才能打开新文件

B. 打开新文件时,系统会自动关闭原文件

C. 两个文件可以同时打开

D. 新文件的内容将会加入原来打开的文件

12. 打开 Word 2010 文档一般是指(   )。

A. 把文档的内容从磁盘调入内存,并显示出来

B. 把文档的内容从内存中读入,并显示出来

C. 显示并打印出指定文档的内容

D. 为指定文件开设一个新的、空的文档窗口

13. 设 Windows 处于系统默认状态,在 Word 编辑状态下,移动鼠标至文档行首空白处(文本选定区)连击左键 3 下,结果会选择(   )。

A. 一句话   B. 一行   C. 一段   D. 全文

14. 在 Word 2010 编辑状态下,使选定的文本加粗的组合键是(   )。

A. Ctrl+H   B. Ctrl+I   C. Ctrl+B   D. Ctrl+U

15. 要将 Word 文档中的一段文字设定为黑体字,第一步操作是(   )。

A. 选定这一段文字   B. 选择格式菜单

C. 单击工具栏上的 B 按钮   D. 单击工具栏上的字体框按钮

16. (   )标记包含前面段落格式信息。

A. 行结束   B. 段落结束   C. 分页符   D. 分节符

17. 在 Word 中,执行"编辑"菜单中的"粘贴命"令后(   )。

A. 被选定的内容移到插入点处

B. 剪贴板中的某一项内容移动到插入点

C. 被选定的内容移到剪贴板

D. 剪贴板中的某一项内容复制到插入点

18. Word 2010 中的"格式刷"按钮可用于复制文本或段落的格式,若要将选中的文本或段落格式重复应用多次,应(   )"格式刷"。

A. 单击   B. 双击   C. 右击   D. 拖动

19. 在打印预览状态下,若要打印文件(   )。

A. 必须退出预览状态后才能打印   B. 在打印预览状态也可以直接打印

C. 在打印预览状态不能打印　　　　　　D. 只能在打印预览状态打印

20. 在 Word 2010 编辑状态,能设定文档行间距命令的选项卡是( )。

    A. 开始　　　　　　B. 插入　　　　　　C. 页面布局　　　　　　D. 引用

21. 在 Word 文档中,可以在页眉/页脚中插入各种图片,插入图片后只有在( )中才能看到该图片。

    A. 普通视图　　　　B. 页面视图　　　　C. 母板视图　　　　D. 文档视图

22. 在 Word 2010 中,按( )组合键与选项卡中的"剪切"按钮功能相同。

    A. Ctrl+C　　　　B. Ctrl+V　　　　C. Ctrl+X　　　　D. Ctrl+S

23. 在 Word 2010 编辑中,可使用( )选项卡中的页眉和页脚命令,建立页眉和页脚。

    A. 开始　　　　　　B. 插入　　　　　　C. 视图　　　　　　D. 文件

24. 在 Word 2010 编辑状态下,使选定的文本加下画线的组合键是( )。

    A. Ctrl+H　　　　B. Ctrl+I　　　　C. Ctrl+B　　　　D. Ctrl+U

25. 在 Word 2010 中,( )选项卡上会出现新选项卡。

    A. 单击插入选项卡上的显示图片工具命令　　B. 选择一张图片

    C. 右击一张图片并选择图片工具　　　　　　D. 第一个或第三个选项

26. 在 Word 2010 表格的编辑中,快速拆分表格应按( )组合键。

    A. Ctrl+Enter　　　　　　　　　　　B. Shift+Enter

    C. Ctrl+Shift+Enter　　　　　　　　D. Alt+Enter

27. 在 Word 文档中,如果要指定每页中的行数,可以通过( )进行设置。

    A. "开始"选项卡的"段落"组

    B. 插入选项卡的页眉页脚组

    C. "页面布局"选项卡的"页面设置"组

    D. 无法设置

28. 在 Word 2010 的编辑状态,关于拆分表格正确的说法是( )。

    A. 可以自己设定拆分的行列数　　　　B. 只能将表格拆分为左右两部分

    C. 只能将表格拆分为上下两部分　　　　D. 只能将表格拆分为列

29. 在 Word 2010 中,快速访问工具栏位于( ),应该( )使用它。

    A. 位于屏幕的左上角,使用它来访问常用的命令

    B. 浮在文本的上方,在需要更改格式时使用它

    C. 位于屏幕的左上角,在需要快速访问文档时使用它

    D. 位于开始选项卡上,在需要快速启动或创建新文档时使用它

30. 在 Word 中,下述关于分栏操作的说法,正确的是( )。

    A. 可以将指定的段落分成指定宽度的两栏

    B. 任何视图下均可看到分栏效果

    C. 设置的各栏宽度和间距与页面宽度无关

    D. 栏与栏之间不可以设置分隔线

31. 在 Word 文档编辑中,从插入点开始选定到上一行,组合键是( )。

    A. Shift+↑　　　　B. Shift+↓　　　　C. Shift+Home　　　　D. Shift+End

32. 在 Word 中,为了确保文档中段落格式的一致性,可以使用(　　)。
    A. 模板   B. 样式   C. 向导   D. 页面设计

33. 将文档中的一部分文本内容复制到别处,先要进行的操作是(　　)。
    A. 粘贴   B. 复制   C. 选择   D. 视图

34. 使用(　　)可以进行快速格式复制操作。
    A. "编辑"菜单   B. "段落"命令   C. "格式刷"命令   D. "格式"菜单

35. 在 Word 2010 编辑状态下,使选定的文本倾斜的组合键是(　　)。
    A. Ctrl+H   B. Ctrl+I   C. Ctrl+B   D. Ctrl+U

36. 在 Word 2010 文档中插入图形,下列方法中的(　　)是不正确的。
    A. 直接利用绘图工具绘制图形
    B. 执行文件、打开命令,再选择某个图形文件名
    C. 执行插入、图片命令,再选择某个图形文件名
    D. 利用剪贴板将其他应用程序中的图形粘贴到所需文档中

37. 修改文档时,要在输入新的文字的同时替换原有文字,最简便的操作是(　　)。
    A. 直接输入新内容
    B. 选定需替换的内容,直接输入新内容
    C. 先用 Delete 键删除需替换的内容,再输入新内容
    D. 无法同时实现

38. 在 Word 中,要将第一自然段移到文件的最后,需要进行的操作是(　　)。
    A. 复制、粘贴   B. 剪切、粘贴   C. 粘贴、复制   D. 粘贴、剪切

39. 在 Word 2010 文档中,通过"查找和替换"对话框查找任意数字,在"查找内容"文本框中使用代码(　　)表示匹配 0~9 的数字。
    A. ^#   B. ^$ C. ^&   D. ^*

40. 要设置行距小于标准的单倍行距,需要选择(　　)再输入磅值。
    A. 两倍   B. 单倍   C. 固定值   D. 最小值

41. Word 中(　　)视图方式使得显示效果与打印预览基本相同。
    A. 普通   B. 大纲   C. 页面   D. 主控文档

42. 在 Word 2010 的编辑状态,执行"编辑"菜单中复制命令后(　　)。
    A. 被选择的内容将复制到插入点处
    B. 被选择的内容将复制到剪贴板
    C. 被选择的内容出现在复制内容之后
    D. 光标所在的段落内容被复制到剪贴板

43. 在 Word 文档编辑中,从插入点开始选定到文档开头,组合键是(　　)。
    A. Shift+↑   B. Shift+↓
    C. Ctrl+Shift+Home   D. Shift+End

44. 在 Word 2010 中,已经将页眉添加到文档,而且对文档正文进行了一些操作。如果现在要修改此页眉,则应该(　　)进行编辑。
    A. 右击文档的页眉区域,然后单击编辑页眉
    B. 双击文档的页眉区域

C. 在插入选项卡上，单击页眉，然后单击库底端的编辑页眉

D. 以上全部

45. 关闭当前文件的组合键是（   ）。

A. Ctrl＋F6　　　　　B. Ctrl＋F4　　　　　C. Alt＋F6　　　　　D. Alt＋F4

46. 在 Word 2010 中，当建立一个新文档时，默认的文档格式为（   ）。

A. 居中　　　　　B. 左对齐　　　　　C. 两端对齐　　　　　D. 右对齐

47. 在 Word 状态的编辑状态下，执行"文件"菜单中的"保存"命令后（   ）。

A. 将所有打开的文件存盘

B. 只能将当前文档存储在已有的原文件夹内

C. 可以将当前文档存储在已有的任意文件夹内

D. 可以先建立一个新文件夹，再将文档存储在该文件夹内

48. 在 Word 2010 编辑状态下，若鼠标在某行行首的左边选择区，下列（   ）操作可以仅选择光标所在的行。

A. 双击鼠标左键　　　　　　　　　B. 单击鼠标右键

C. 将鼠标左键击 3 下　　　　　　　D. 单击鼠标左键

49. 在 Word 文档编辑中，从插入点开始选定到文档结尾，组合键是（   ）。

A. Shift＋↑　　　　　　　　　B. Shift＋↓

C. Ctrl＋Shift＋Home　　　　　D. Ctrl＋Shift＋End

50. 一张完整的图片，只有部分区域能够排开文本，其余部分被文字遮住。这是由于（   ）。

A. 图片是嵌入型　　　　　　　　　B. 图片是紧密型

C. 图片是四周型　　　　　　　　　D. 图片进行了环绕顶点的编辑

51. 在 Word 2010 编辑状态下，要撤销上一次操作的组合键是（   ）。

A. Ctrl＋H　　　　　B. Ctrl＋Z　　　　　C. Ctrl＋Y　　　　　D. Ctrl＋U

52. 目前在打印预览状态，若要打印文件（   ）。

A. 只能在打印预览状态打印

B. 在打印预览状态不能打印

C. 在打印预览状态也可以直接打印

D. 必须退出打印预览状态后才可以打印

53. 在 Word 文档中，若要添加一些符号，如数学符号、标点符号等，可通过（   ）选项卡的"符号"按钮实现。

A. 开始　　　　　B. 插入　　　　　C. 视图　　　　　D. 页面布局

54. 编辑菜单中的复制命令的功能是将选定的文本或图形（   ）。

A. 复制到剪贴板

B. 由剪贴板复制到插入点

C. 复制到文件的插入点位置

D. 复制到另一个文件的插入点位置

55. 在 Word 编辑状态下，如果要调整段落的左右边界，快捷方法是使用（   ）。

A. 格式栏　　　　　　　　　　B. 格式菜单

C. 拖动标尺上的缩进标志　　　　　　　　D. 常用工具栏

56. 在 Word 文档中,如要删除文档中一部分选定的文字的格式设置,可按组合键(　　)。

A. Ctrl+Shift+Z　　　B. Ctrl+Shift　　　C. Ctrl+Alt+Del　　D. Ctrl+F6

57. 完成修订操作必须通过(　　)选项卡进行。

A. 开始　　　　　　　B. 插入　　　　　　C. 视图　　　　　　D. 审阅

58. 在 Word 2010 文档编辑中,给选定的段落快速增加缩进量的组合键是(　　)。

A. Ctrl+N　　　　　　　　　　　　　　　B. Ctrl+Alt+M

C. Ctrl+M　　　　　　　　　　　　　　　D. Ctrl+Shift+M

59. 在 Word 中,(　　)的作用是能在屏幕上显示所有文本内容。

A. 控制框　　　　　　B. 滚动条　　　　　C. 标尺　　　　　　D. 最大化按钮

60. 人工加入硬分页符的组合键是(　　)。

A. Shift+End　　　　B. Ctrl+End　　　　C. Shift+Enter　　D. Ctrl+Enter

61. 删除一个段落标记后,前后两段文字将合并成一个段落,原段落内容所采用的编排格式是(　　)。

A. 删除后的标记确定的格式　　　　　　　B. 原后一段落的格式

C. 格式没有变化　　　　　　　　　　　　D. 与后一段落格式无关

62. 当一个文档窗口被关闭后,该文档将被(　　)。

A. 保存在外存中　　　　　　　　　　　　B. 保存在剪贴板中

C. 保存在内存中　　　　　　　　　　　　D. 既保存在外存也保存在内存中

63. 如要用矩形工具画出正方形,应同时按下(　　)键。

A. Ctrl　　　　　　　B. Shift　　　　　　C. Alt　　　　　　D. Ctrl+Alt

64. 在 Word 表格操作中,改变表格的行高与列宽可用鼠标操作,方法是(　　)。

A. 当鼠标指针在表格线上变为双箭头形状时拖动鼠标

B. 双击表格线

C. 单击表格线

D. 单击拆分单元格按钮

65. 在 Word 编辑状态,拖动水平标尺上边的首行缩进滑块,则(　　)。

A. 文档中各段落的首行起始位置都重新确定

B. 文档中被选择的各段落首行起始位置都重新确定

C. 文档中各行的起始位置都重新确定

D. 插入点所在行的起始位置被重新确定

66. 为保证一幅图片固定在某一段的后面,不会因为前面段落的删除而改变位置,应设置图片为(　　)格式。

A. 紧密型环绕　　　　B. 四周型环绕　　　C. 嵌入型　　　　　D. 穿越型环绕

67. 在 Word 文档编辑中,从插入点开始选定到首行,组合键是(　　)。

A. Shift+↑　　　　　B. Shift+↓　　　　C. Shift+Home　　D. Shift+End

68. 在 Word 文档编辑中,从插入点开始选定到下一行,组合键是(　　)。

A. Shift+↑　　　　　B. Shift+↓　　　　C. Shift+Home　　D. Shift+End

69. Word 2010 文档文件的扩展名是(　　)。

A. .txt　　　　　　B. .wps　　　　　　C. .docx　　　　　D. .bmp

70. 在 Word 2010 编辑状态下,被编辑文档中的文字有四号、五号、16 磅、18 磅四种,下列关于所设定字号大小的比较中,正确的是(　　)。

A. 四号大于五号　　　　　　　　　B. 四号小于五号

C. 16 磅大于 18 磅　　　　　　　　D. 字的大小一样,字体不同

71. 在 Word 2010 中段落格式化的设置不包括(　　)。

A. 首行缩进　　　　　　　　　　　B. 居中对齐

C. 行间距　　　　　　　　　　　　D. 文字颜色及字号

72. Word 文档中选择一段文字后,按 Ctrl 键并按鼠标左键不放,拖到另一位置上才放开鼠标的操作是(　　)。

A. 复制文本　　　　B. 删除文本　　　　C. 移动文本　　　　D. 替换文本

73. 在 Word 编辑状态下,当前输入的文字显示在(　　)。

A. 鼠标光标处　　　　B. 插入点　　　　C. 文件尾部　　　　D. 当前行尾部

74. 在 Word 2000 编辑状态下,设置了由多个行和列组成的表格。如果选中一个单元格,再按 Del 键,则(　　)。

A. 删除该单元格所在的行　　　　　B. 删除该单元格的内容

C. 删除该单元格,右方单元格左移　　D. 删除该单元格,下方单元格上移

75. 在 Word 文档编辑中,输入文本时插入软回车符的组合键是(　　)。

A. Shift+Enter　　　　　　　　　B. Ctrl+Enter

C. Alt+Enter　　　　　　　　　　D. Enter

76. 在 Word 2010 文档的标题栏中,显示有"abc.doc(兼容模式)"信息,这表示(　　)。

A. 可以使用文档,但不能保存它

B. 不能使用文档,因为它是不兼容的

C. 可以对文档使用所有新的 Word 2010 功能

D. 可以在文档中进行操作,但 Word 2010 将限制某些新功能

77. 在 Word 2010 中,当剪贴板中的"复制"按钮呈灰色而不能使用时,表示的是(　　)。

A. 剪切板里没有内容　　　　　　　B. 剪切板里有内容

C. 在文档中没有选定内容　　　　　D. 在文档中已选定内容

78. 在 Word 表格编辑中,合并的单元格都有文本时,合并后会产生(　　)结果。

A. 原来的单元格中的文本将各自成为一个段落

B. 原来的单元格中的文本将合并成为一个段落

C. 全部删除

D. 以上都不是

79. 在 Word 2010 的表格操作中,计算求和的函数是(　　)。

A. Total　　　　　　B. Sum　　　　　　C. Count　　　　　D. Average

80. 选择纸张大小,可以在(　　)选项卡中进行设置。

A. 开始　　　　　　B. 插入　　　　　　C. 页面布局　　　　D. 引用

81. 在 Word 2010 中可以在文档的每页或一页上打印一图形作为页面背景,这种特殊的文本效果被称为(　　)。

A. 图形　　　　　　　B. 艺术字　　　　　C. 插入艺术字　　　D. 水印

82. 如果当前光标在表格中某行的最后一个单元格的外框线上,按 Enter 键后(　　)。

A. 光标所在列加宽　　　　　　　　　B. 对表格不起作用

C. 在光标所在行下增加一行　　　　　D. 光标所在行加高

83. 在 Word 2010 编辑状态下,下列 4 个组合键中,可以从输入汉字状态转换到输入 ASCII 字符状态的组合键是(　　)。

A. Ctrl+空格键　　　　　　　　　　B. Alt+Ctrl 键

C. Shift+空格键　　　　　　　　　　D. Alt+空格键

84. Word 2010 文档中,可以使被选中的文字内容看上去像使用荧光笔作了标记一样。此效果是使用 Word 2010 的(　　)文本功能。

A. 字体颜色　　　　　B. 突出显示　　　　C. 字符底纹　　　　D. 文字效果

85. 在 Word 2010 中打开文档的作用是(　　)。

A. 将指定的文档从内存中读入并显示出来

B. 为指定的文档打开一个空白窗口

C. 将指定的文档从外存中读入并显示出来

D. 显示并打印指定文档的内容

86. 在 Word 文档编辑中,从插入点开始选定到行尾,组合键是(　　)。

A. Shift+↑　　　　　B. Shift+↓　　　　C. Shift+Home　　　D. Shift+End

87. Word 2010 中文版应在(　　)环境下使用。

A. DOS　　　　　　　B. WPS　　　　　　C. UCDOS　　　　　D. Windows

88. 打印页码"2-5,10,12"表示打印的是(　　)。

A. 第 2 页,第 5 页,第 10 页,第 12 页

B. 第 2 至 5 页,第 10 至 12 页

C. 第 2 至 5 页,第 10 页,第 12 页

D. 第 2 页,第 5 页,第 10 至 12 页

89. Word 2010 中,鼠标拖动选定文本的同时按下 Ctrl 键执行的是(　　)。

A. 移动操作　　　　　B. 复制操作　　　　C. 剪切操作　　　　D. 粘贴操作

90. Word 2010 软件处理的主要对象是(　　)。

A. 表格　　　　　　　B. 文档　　　　　　C. 图片　　　　　　D. 数据

91. Word 2010 文档中,通过"查找和替换"对话框查找任意字母,在"查找内容"文本框中使用代码(　　)表示匹配任意的字母。

A. ^#　　　　　　　　B. ^$　　　　　　　C. ^&　　　　　　　D. ^*

92. 在 Word 2010 中,通过使用(　　),应用项目符号列表。

A. "页面布局"选项→"段落"组

B. "开始"选项卡→"段落"组

C. "插入"选项卡→"符号"组

D. "插入"选项卡→"文本"组

93. 在 Word 的编辑状态,单击"还原"按钮的操作是指(　　)。

A. 将指定的文档打开　　　　　　　　B. 为指定的文档打开一个空白窗口

C. 使当前窗口缩小　　　　　　　　　　　D. 使当前窗口扩大

94. 在 Word 2010 中,会出现浮动工具栏的情况是(　　　)。

  A. 双击选项卡上的活动选项卡　　　　B. 选择文本

  C. 选择文本,然后指向该文本　　　　　D. 以上说法都正确

95. 在文本选定区中 3 击鼠标,可选定(　　　)。

  A. 一句　　　　　　B. 一行　　　　　　C. 一段　　　　　　D. 整个文本

96. 在 Word 2010 编辑状态下,当前输入的文字显示在(　　　)。

  A. 当前行尾部　　　B. 插入点　　　　　C. 文件尾部　　　　D. 鼠标光标处

97. 在 Word 2010 编辑状态下,要重复上一次操作的组合键是(　　　)。

  A. Ctrl+Y　　　　　B. Ctrl+Z　　　　　C. Ctrl+B　　　　　D. Ctrl+U

98. Word 是一种(　　　)。

  A. 操作系统　　　　B. 文字处理软件　　C. 多媒体制作软件　D. 网络浏览器

99. Word 2010 具有分栏功能,下列关于分栏的说法正确的是(　　　)。

  A. 最多可以分 4 栏　　　　　　　　　　B. 各栏的宽度必须相同

  C. 各栏的宽度可以不同　　　　　　　　D. 各栏之间的间距是固定的

100. (　　　)不能关闭 Word 2010。

  A. 双击标题栏左边的 W　　　　　　　B. 单击标题栏左边的×

  C. 单击"文件"菜单中的"关闭"按钮　　D. 单击"文件"菜单的"退出"按钮

8.5　Excel 2010

1. Excel 2010 中,如果 B2～B5 单元格的内容分别是 4、2、5、=B2 * B3－B4,则 B2、B3、B4、B5 单元格实际显示的内容分别是(　　　)。

  A. 4 2 5 2　　　　　B. 2 3 4 5　　　　　C. 5 4 3 2　　　　　D. 4 2 5 3

2. 在 Excel 2010 中,要求数据库区域每一列中的数据类型必须(　　　)。

  A. 不同　　　　　　B. 部分相同　　　　C. 数值结果相等　　D. 完全相同

3. 在 Excel 单元格中,如要输入数字字符串"01730101"时,应输入(　　　)。

  A. '01730101　　　　B. "01730101"　　　C. 01730101'　　　　D. 1730101

4. 在 Excel 2010 中,单元格 B2 的列相对、行绝对的混合引用地址为(　　　)。

  A. $B$2　　　　　　B. $B2　　　　　　C. B$2　　　　　　D. B2

5. 在 Excel 工作表的单元格 D1 中输入公式"=SUM(A1:C3)",其结果为(　　　)。

  A. A1 与 A3 两个单元格之和

  B. A1,A2,A3,C1,C2,C3 这 6 个单元格之和

  C. A1,B1,C1,A3,B3,C3 这 6 个单元格之和

  D. A1,A2,A3,B1,B2,B3,C1,C2,C3 这 9 个单元格之和

6. 在 Excel 2010 工作表中,数据清单中的行代表的是一个(　　　)。

  A. 域　　　　　　　B. 记录　　　　　　C. 字段　　　　　　D. 表

7. 在 Excel 2010 中,结果为非数值的函数是(　　　)。

  A. COUNT　　　　　B. SUM　　　　　　C. AVERAGE　　　　D. LEFT

8. 在 Excel 中,要输入像"1/4"这样的分数,首先应输入( )。

    A. 1   B. 0   C. -   D. '

9. 在"自定义自动筛选方式"对话框中,可以用( )单选框指定多个条件的筛选。

    A. !   B. 与   C. +   D. 非

10. 在 Excel 中,如果将公式"=C4 * \$D\$9"从单元格 C4 复制到单元格 C5,单元格 C5 中的公式将是( )。

    A. =C5 * \$D\$9   B. =C4 * \$D\$9

    C. =C5 * \$E\$10   D. =D5 * \$E\$10

11. 在 Excel 表格中,当按 Enter 键结束对一个单元格数据输入时,下一个活动单元格在原活动单元格的( )。

    A. 上面   B. 下面   C. 左面   D. 右面

12. 如果 A1:A5 包含数字 10、7、9、27 和 2,则( )。

    A. SUM(A1:A5)等于 10   B. SUM(A1:A3)等于 26

    C. AVERAGE(A1&A5)等于 11   D. AVERAGE(A1:A3)等于 7

13. 在 Excel 2010"单元格格式"对话框中,包括的选项卡的个数为( )。

    A. 4   B. 8   C. 6   D. 10

14. 在 Excel 2010 中,可以为表格设置打印列标题和行标题。该选项在( )选项卡上。

    A. 开始   B. 页面布局   C. 数据   D. 审阅

15. Excel 2010 系统中,下列叙述正确的是( )。

    A. 只能打开一个文件

    B. 最多能打开 4 个文件

    C. 能打开多个文件,但不能同时将它们打开

    D. 能打开多个文件,并能同时将它们打开

16. 如果只需复制单元格内容的格式,则应该在"开始"选项卡的"剪贴板"选项组中单击"粘贴"下拉按钮,打开下拉列表,在列表中选择( )命令。

    A. 粘贴   B. 选择性粘贴   C. 粘贴为超级链接 D. 链接

17. 在进行自动分类汇总之前,必须( )。

    A. 按分类列对数据清单进行排序,并且数据清单的第一行里必须有列标题

    B. 按分类列对数据清单进行排序,并且数据清单的第一行里不能有列标题

    C. 对数据清单进行筛选,并且数据清单的第一行里必须有列标题

    D. 对数据清单进行筛选,并且数据清单的第一行里不能有列标题

18. 设 A1 单元中有公式"=D2 * \$E3",若在 D 列和 E 列之间插入一个空列,在第 2 行和第 3 行之间插入一个空行,则 A1 单元的公式变成( )。

    A. #REF!   B. =D2 * \$F3   C. =D2 * \$E4   D. =D2 * \$F4

19. 在 Excel 中,关于选择性粘贴的叙述错误的是( )。

    A. 选择性粘贴可以只粘贴格式

    B. 选择性粘贴只能粘贴数值型数据

    C. 选择性粘贴可以将源数据的排序旋转 $90°$,即转置粘贴

D. 选择性粘贴可以只粘贴公式

20. 在 Excel 2010 的一个单元格中,若要输入文字串"2018-4-1",则正确的输入为(　　)。

  A. 2018-4-1　　　　　B. '2018-4-1　　　　　C. ＝2018-4-1　　　　　D. "2018-4-1"

21. Excel 2010 默认的新建文件名是(　　)。

  A. Sheet1　　　　　B. Excel1　　　　　C. 工作簿 1　　　　　D. 文档 1

22. 在 Excel 工作表中,当前单元格只能是(　　)。

  A. 选中的一行　　　　　　　　　　　B. 选中的一列

  C. 单元格指针选定的一个　　　　　　D. 选中的区域

23. 在 Excel 工作表的单元格中输入公式时,应先输入(　　)号。

  A. '　　　　　B. @　　　　　C. &　　　　　D. ＝

24. 在 Excel 中,双击某工作表标签将可以(　　)。

  A. 重命名该工作表　　　　　　　　　B. 切换到该工作表

  C. 删除该工作表　　　　　　　　　　D. 隐藏该工作表

25. Excel 2010 工作簿中,要同时选择多个不相邻的工作表,需要依次单击各个工作表的标签前应先按住(　　)键。

  A. Tab　　　　　B. Alt　　　　　C. Shift　　　　　D. Ctrl

26. 在 Excel 2010 中,假定 B2 单元格的内容为数值 15,C3 单元格的内容是 10,则公式"＝＄B＄2-＄C＄3"的值为(　　)。

  A. 25　　　　　B. 250　　　　　C. 30　　　　　D. 5

27. 在 Excel 2010 中,给当前单元格输入数值型数据时,默认为(　　)。

  A. 居中　　　　　B. 左对齐　　　　　C. 右对齐　　　　　D. 随机

28. 在 Excel 中,各运算符号的优先级由高到低的顺序为(　　)。

  A. 算术运算符,关系运算符,文本运算符

  B. 算术运算符,文本运算符,关系运算符

  C. 关系运算符,文本运算符,算术运算符

  D. 文本运算符,算术运算符,关系运算符

29. 如果想在 Excel 中计算 853 除以 16 的结果,应该使用的数学运算符为(　　)。

  A. ＊　　　　　B. /　　　　　C. -　　　　　D. ,

30. 在 Excel 工作表单元格中,输入下列表达式(　　)是错误的。

  A. ＝A1％B2　　　　　　　　　　　B. ＝A3＋D4

  C. ＝(15-B1)/3　　　　　　　　　　D. ＝SUM(A3:A4)/2

31. 在 Excel 2010 中,列宽和行高(　　)。

  A. 都可以改变　　　B. 只能改变列宽　　　C. 只能改变行高　　　D. 都不能改变

32. 为了区别数字和数字字符串数据,Excel 要求在输入项前添加(　　)符号来区别。

  A. ＃　　　　　B. @　　　　　C. "　　　　　D. '

33. 在 Excel 2010 的数据库中,自动筛选是对(　　)。

  A. 记录进行条件选择的筛选　　　　　B. 字段进行条件选择的筛选

  C. 行号进行条件选择的筛选　　　　　D. 列号进行条件选择的筛选

34. 在 Excel 单元格输入日期时,两种可使用的年、月、日间隔符是(　　)。

A. 斜杠(/)或反斜杠(\) B. 圆点(.)或竖线(|)

C. 斜杠(/)或连接符(-) D. 反斜杠(\)或连接符(-)

35. Excel 文件的扩展名为( )。

A. .DOC B. .XLSX C. .EXC D. .EXE

36. 在 Excel 2010 中,以下公式中正确的是( )。

A. ＝A1＋B1 B. ＝'计算机'&'应用'

C. ＝计算机 & 应用 D. ＝(计算机)&(应用)

37. 在 Excel 中,B1 单元格内容是数值 9,B2 单元格的内容是数值 10,在 B3 单元格输入公式"＝B1<B2"后,B3 单元格中显示( )。

A. TRUE B. .T. C. FALSE D. .F.

38. 在 Excel 中,图表中的( )会随着工作表中数据的变化而变化。

A. 系列数据的值 B. 图表位置 C. 图例 D. 图表类型

39. 某公式中引用了一组单元格,它们是(C3:D6,A2,F2),该公式引用的单元格总数为( )

A. 6 B. 8 C. 10 D. 14

40. 如果在 Excel 2010 中创建了一个图表,但随后就看不到图表工具了,可执行( )来重新显示图表工具。

A. 创建另一个图表 B. 单击插入选项卡

C. 在图表内单击 D. 重新安装 Excel

41. 在 Excel 工作表中,单元格区域 D2:E4 所包含的单元格个数是( )。

A. 5 B. 6 C. 7 D. 8

42. 在 Excel 中,下面关于分类汇总的叙述错误的是( )。

A. 分类汇总前数据必须按关键字字段排序

B. 分类汇总的关键字段只能是一个字段

C. 汇总方式只能是求和

D. 分类汇总可以删除,但删除汇总后排序操作不能撤销

43. 新建的 Excel 工作簿窗口中默认包含( )个工作表。

A. 1 B. 2 C. 3 D. 4

44. 下列关于排序操作的叙述中正确的是( )。

A. 排序时只能对数值型字段进行排序,对于字符型的字段不能进行排序

B. 排序可以选择字段值的升序或降序两个方向分别进行

C. 用于排序的字段称为关键字,在 Excel 中只能有一个关键字段

D. 一旦排序后就不能恢复原来的记录排列

45. 下面关于工作表与工作簿的论述正确的是( )。

A. 一个工作簿中一定有 3 张工作表

B. 一张工作表保存在一个文件中

C. 一个工作簿的多张工作表类型相同,或同是数据表,或同是图表

D. 一个工作簿保存在一个文件中

46. Excel 中在单元格中输入公式时,输入的第一个符号是( )。

A. ＝　　　　　　　　B. ＋　　　　　　　　C. － 　　　　　　　　D. ＄

47. 在 Excel 按递增方式排序时,空格(　　　)。

A. 始终排在最后　　　　　　　　　　　　B. 总是排在数字的前面

C. 总是排在逻辑值的前面　　　　　　　　D. 总是排在数字的后面

48. 设 A1 单元中有公式"＝SUM(B2:D5)",在 C3 单元插入一列后再删除一行,则 A1 单元的公式变成(　　　)。

A. ＝SUM(B2:F4)　　　　　　　　　　　B. ＝SUM(B2:E5)

C. ＝SUM(B2:D3)　　　　　　　　　　　D. ＝SUM(B2:E3)

49. 在 Excel 2010 中,数据源发生变化时,相应的图表(　　　)。

A. 自动跟随变化　　　　　　　　　　　　B. 手动跟随变化

C. 不跟随变化　　　　　　　　　　　　　D. 不收任何影响

50. 下列关于 Excel 的叙述中,错误的是(　　　)。

A. 一个 Excel 文件就是一个工作表

B. 一个 Excel 文件就是一个工作簿

C. 一个工作簿可以有多个工作表

D. 双击某工作表标签,可以对该工作表重新命名

51. 在 Excel 单元格中输入"＝average(10,-3)",则该单元格显示的值(　　　)。

A. 不确定　　　　　B. 小于零　　　　　C. 大于零　　　　　D. 等于零

52. 在 Excel 中,A1 单元格设定其数字格式为整数,当输入 33.51 时,显示为(　　　)。

A. 33.51　　　　　B. 33　　　　　C. 34　　　　　D. ERROR

53. 在 Excel 中,如果单元格内容显示为＃＃＃＃＃＃,则意味着(　　　)。

A. 输入的数字有误　　　　　　　　　　　B. 某些内容拼写错误

C. 单元格不够宽　　　　　　　　　　　　D. 软件出错

54. 在选择图表类型时,用来显示某个时期内在同时间间隔内的变化趋势,应选择(　　　)。

A. 柱形图　　　　　B. 条形图　　　　　C. 折线图　　　　　D. 面积图

55. 在 Excel 中,字符型数据的默认对齐方式是(　　　)。

A. 左对齐　　　　　　　　　　　　　　　B. 右对齐

C. 两端对齐　　　　　　　　　　　　　　D. 视具体情况而定

56. 在 Excel 2010 中,求一组数值中的平均值函数为(　　　)。

A. AVERAGE　　　　B. MAX　　　　　C. MIN　　　　　D. SUM

57. 在 Excel 中,若单元格引用随公式所在单元格位置的变化而改变,则称为(　　　)。

A. 绝对引用　　　　B. 相对引用　　　　C. 混合引用　　　　D. 3D 引用

58. 下列(　　　)不是自动填充选项。

A. 复制单元格　　　　　　　　　　　　　B. 时间填充

C. 仅填充格式　　　　　　　　　　　　　D. 以序列方式填充

59. 在 Excel 中,下列(　　　)是输入正确的公式形式。

A. ＝AVERAGE(A1:B2)　　　　　　　　　B. ＝＝sum(d1:d2)

C. ＞＝b2 ＊ d3＋1　　　　　　　　　　D. ＝'c7＋c1

60. 在 Excel 中,插入一组单元格后,活动单元格将(　　　)移动。

A. 向上　　　　　　　　B. 向左　　　　　　　　C. 向右　　　　　　　　D. 由设置而定

61. Excel 2010 工作簿文件的默认扩展名为(　　)。

    A. .docx　　　　　　　B. .xlsx　　　　　　　C. .pptx　　　　　　　D. .mdb

62. 在 Excel 中,对工作表的所有输入或编辑操作均是对(　　)进行的。

    A. 单元格　　　　　　B. 表格　　　　　　　C. 单元地址　　　　　D. 活动单元格

63. 以下常量中,(　　)是 Excel 中合法的数值型常量。

    A. 1.2e3　　　　　　　B. 123+E456　　　　　C. "123.456"　　　　　D. 123 * 10

64. 某区域由 A4、A5、A6 和 B4、B5、B6 组成,下列不能表示该区域的是(　　)。

    A. A4:B6　　　　　　B. A4:B4　　　　　　C. B6:A4　　　　　　D. A6:B4

65. 打开一个原有文档,编辑后进行保存操作,则该文档(　　)。

    A. 被保存在原文件夹下　　　　　　　　　B. 可以保存在已有的其他文件夹下

    C. 可以保存在新建文件夹下　　　　　　　D. 保存后文档被关闭

66. 在 Excel 2010 中,公式结果显示在单元格 C6 中,若要查看此公式,则应(　　)。

    A. 单击单元格 C6,然后按下 Ctrl+Shift

    B. 单击单元格 C6,然后按 F5 键

    C. 在 C6 单元格中双击

    D. 使用 F1 帮助键

67. 在 Excel 默认格式状态下,向 A1 单元格中输入 0001 后,该单元格中显示(　　)。

    A. 0001　　　　　　　B. 0　　　　　　　　C. 1　　　　　　　　D. #NULL

68. 在 Excel 工作表中,当前单元格的填充句柄在其(　　)。

    A. 左上角　　　　　　B. 右上角　　　　　　C. 左下角　　　　　　D. 右下角

69. Excel 工作表中,最多可有(　　)列。

    A. 65535　　　　　　B. 256　　　　　　　C. 254　　　　　　　D. 128

70. Excel 工作表中,把一个含有单元格坐标引用的公式复制到另一个单元格中时,其中所引用的单元格坐标保持不变,这种引用的方式称为(　　)。

    A. 相对引用　　　　　B. 绝对引用　　　　　C. 混合引用　　　　　D. 无法判定

71. 在 Excel 中,单击工作表中的行标签,则选中(　　)。

    A. 一个单元格　　　　B. 一行单元格　　　　C. 一列单元格　　　　D. 全部单元格

72. 作为数据的一种表示形式,图表是动态的,当改变了其中(　　)之后,Excel 会自动更新图表。

    A. X 轴上的数据　　　B. Y 轴上的数据　　　C. 所依赖的数据　　　D. 标题的内容

73. Excel 2010 主界面窗口中编辑栏上的 fx 按钮用来向单元格插入(　　)。

    A. 文字　　　　　　　B. 数字　　　　　　　C. 公式　　　　　　　D. 函数

74. 已知 D2 单元格的内容为"=B2 * C2",当 D2 单元格被复制到 E3 单元格时,E3 单元格的内容为(　　)。

    A. =C3 * D3　　　　　B. =C2 * D2　　　　　C. =B2 * C2　　　　　D. =B3 * C3

75. 在 Excel 中,用来存储并处理工作表数据的文件称为(　　)。

    A. 工作表　　　　　　B. 文件　　　　　　　C. 工作簿　　　　　　D. 文档

76. Excel 2010 所属的套装软件是(　　)。

A. LOTUS 2010　　　　B. Windows 2010　　C. Office 2010　　　　D. Word 2010

77. 在 Excel 中,( )是绝对单元格引用。

　　A. 当沿着一列复制公式或沿着一行复制公式时单元格引用会自动更改

　　B. 单元格引用是固定的

　　C. 单元格引用使用 A1 引用样式

　　D. A:A 就是一种绝对引用

78. 当向 Excel 工作表单元格输入公式时,使用单元格地址 D＄2 引用 D 列 2 行单元格,该单元格的引用称为( )。

　　A. 混合地址引用　　　　　　　　　B. 绝对地址引用

　　C. 相对地址引用　　　　　　　　　D. 交叉地址引用

79. 在 Excel 2010 的工作表中最小操作单元是( )。

　　A. 单元格　　　　　　B. 一行　　　　　C. 一列　　　　　D. 一张表

80. 下列不属于 Excel 2010 表达式中的算术运算符是( )。

　　A. ％　　　　　　B. /　　　　　C. ＜＞　　　　　D. ^

8.6　PowerPoint 2010

1. 在 PowerPoint 幻灯片放映中,要到下一张幻灯片,不可以按( )。

　　A. 右箭头键　　　　　B. PageDown 键　　C. 下箭头键　　　D. BackSpace 键

2. 幻灯片母版设置可以起到的作用是( )。

　　A. 设置幻灯片的放映方式

　　B. 定义幻灯片的打印页面设置

　　C. 设置幻灯片的片间切换

　　D. 统一设置整套幻灯片的标志图片或多媒体元素

3. 若将演示文稿放在另外一台没有安装 PowerPoint 软件的计算机上播放,需要进行( )。

　　A. 复制/粘贴操作　　　　　　　　B. 重新安装软件和文件

　　C. 打包操作　　　　　　　　　　D. 新建幻灯片文件

4. PowerPoint 是一个( )软件。

　　A. 字处理　　　　　　B. 字表处理　　　C. 演示文稿制作　　D. 绘图

5. 当在幻灯片中插入声音后,幻灯片中将会出现( )。

　　A. 喇叭标记　　　　　B. 一段文字说明　　C. 链接说明　　　D. 链接按钮

6. PowerPoint 提供的幻灯片模板(主题),主要是解决幻灯片的( )。

　　A. 文字格式　　　　　B. 文字颜色　　　C. 背景图案　　　D. 以上全是

7. 将编辑好的幻灯片保存到 Web,需要进行的操作是( )。

　　A. "文件"选项卡→"保存并发送"选项

　　B. 直接保存幻灯片文件

　　C. 超链接幻灯片文件

　　D. 需要在制作网页的软件中重新制作

8. 在 PowerPoint 中，下列关于幻灯片主题的说法中，错误的是（　　）。

    A. 选定的主题可以应用于所有的幻灯片

    B. 选定的主题只能应用于所有的幻灯片

    C. 选定的主题可以应用于选定的幻灯片

    D. 选定的主题可以应用于当前幻灯片

9. 如果要从第 2 张幻灯片跳转到第 8 张幻灯片，应使用"插入"选项卡中的（　　）。

    A. 自定义动画　　　　　　　　　　　B. 预设动画

    C. 幻灯片切换　　　　　　　　　　　D. 超链接或动作

10. 制作成功的幻灯片，若为了以后打开时自动播放，则另存为的格式应为（　　）。

    A. .PPTX　　　　　　B. .PPSX　　　　　　C. .DOCX　　　　　　D. .XLSX

11. 若将 PowerPoint 文档保存只能播放不能编辑的演示文稿，操作方法是（　　）。

    A. "保存"对话框中的"保存类型"选择为 PDF 格式

    B. "保存"对话框中的"保存类型"选择为"网页"

    C. "保存"对话框中的"保存类型"选择为"模板"

    D. "保存"（或"另存为"）对话框中的"保存类型"选择为"PowerPoint 放映"

12. 在 PowerPoint 中，要使一张图片显示在所有幻灯片上，需将它添加到（　　）。

    A. 希望该图片在其上的幻灯片中　　　B. 幻灯片母版上

    C. 所有版式　　　　　　　　　　　　D. 讲义母版上

13. 在 PowerPoint 中，若只需放映全部幻灯片中的 4 张（如第 1、3、5、7 张），可以进行的操作是（　　），然后设置幻灯片放映方式。

    A. 在"幻灯片放映"选项卡下，选择"设置幻灯片放映"按钮

    B. 在"幻灯片放映"选项卡下，选择"自定义幻灯片放映"按钮

    C. 在"设计"选项卡下，选择"自定义幻灯片放映"按钮

    D. 以上说法都不正确

14. 在 PowerPoint 中，关于链接的说法，正确的是（　　）。

    A. 链接指将约定的设备用线路连通

    B. 链接将指定的文件与当前文件合并

    C. 单击链接就会转向链接指向的地方

    D. 链接为发送电子邮件做好准备

15. 在 PowerPoint 各种视图中，可以同时浏览多张幻灯片，便于重新排序、添加、删除等操作的视图是（　　）。

    A. 幻灯片浏览视图　　　　　　　　　B. 备注页视图

    C. 普通视图　　　　　　　　　　　　D. 幻灯片放映视图

16. PowerPoint 中的动画刷的作用是（　　）。

    A. 复制母版　　　　　　　　　　　　B. 复制切换效果

    C. 复制字符　　　　　　　　　　　　D. 复制幻灯片中对象的动画效果

17. 放映当前幻灯片的组合键是（　　）。

    A. F6　　　　　　　B. Shift＋F6　　　　　　C. F5　　　　　　　D. Shift＋F5

18. 在 PowerPoint 中插入页眉和页脚，下列说法中正确的是（　　）。

A. 能进行格式化 　　　　　　　　B. 每一页幻灯片上都必须显示

C. 其中的内容不能是日期 　　　　　D. 插入的日期和时间可以更新

19. 下述关于插入图片、文字、自选图形等对象的操作描述,正确的是(　　　)。

A. 在幻灯片中插入的所有对象,均不能组合

B. 在幻灯片中插入的对象如果有重叠,可以通过叠放次序调整显示次序

C. 在幻灯片备注页视图中无法绘制自选图形

D. 若选择标题幻灯片版式,则不可以向其中插入图形或图片

20. 在 PowerPoint 幻灯片浏览视图中,选定多张不连续幻灯片,在单击选定幻灯片之前应该按住(　　　)键。

A. Alt 　　　　　　B. Shift 　　　　　　C. Tab 　　　　　　D. Ctrl

21. 在 PowerPoint 中,打开"设置背景格式"对话框的正确方法是(　　　)。

A. 右击幻灯片空白处,在弹出的快捷菜单中选择"设置背景格式"命令

B. 单击"插入"选项卡,选择"背景命令"按钮

C. 单击"开始"选项卡,选择"背景命令"按钮

D. 以上都不正确

22. PowerPoint 浏览视图下,选定某幻灯片并拖动,可以完成的操作是(　　　)。

A. 移动幻灯片 　　B. 复制幻灯片 　　C. 删除幻灯片 　　D. 选定幻灯片

23. 在 PowerPoint 中,幻灯片放映时使光标变成激光笔效果的操作是(　　　)。

A. 按 Ctrl+F5 键

B. 按 Shift+F5 键

C. "幻灯片放映"选项卡→"自定义幻灯片放映"按钮

D. 按住 Ctrl 键的同时,按住鼠标的左键

24. 在(　　　)视图中,可看到以缩略图方式显示的多张幻灯片。

A. 幻灯片浏览 　　B. 大纲 　　　　C. 幻灯片 　　　　D. 普通

25. 在 PowerPoint 中,能够将文本中字符简体转换成繁体的设置(　　　)。

A. 在"格式"选项卡中 　　　　　　B. 在"开始"选项卡中

C. 在"审阅"选项卡中 　　　　　　D. 在"插入"选项卡中

26. PowerPoint 演示文稿的扩展名是(　　　)。

A. .psdx 　　　　　B. .ppsx 　　　　　C. .pptx 　　　　　D. .ppsx

27. 在 PowerPoint 中,在普通视图下删除幻灯片的操作是(　　　)。

A. 在"幻灯片"选项卡中选定要删除的幻灯片(单击即可选定),然后按 Delete 键

B. 在"幻灯片"选项卡中选定幻灯片,再单击"开始"选项卡中的"删除"按钮

C. 在"编辑"选项卡下单击"编辑"组中的"删除"按钮

D. 以上说法都不正确

28. 在 PowerPoint 文件选项卡中的"新建"命令的功能是建立(　　　)。

A. 一个演示文稿 　　　　　　　　B. 插入一张新幻灯片

C. 一个新超链接 　　　　　　　　D. 一个新备注

29. 在 PowerPoint 编辑中,想要在每张幻灯片相同的位置插入某个图片,最好的设置方法是在幻灯片的(　　　)中进行。

A. 普通视图   B. 浏览视图   C. 母版视图   D. 备注视图

30. 在 PowerPoint 中,以下说法中正确的是( )。

    A. 可以将演示文稿中选定的信息链接到其他演示文稿幻灯片中的任何对象

    B. 可以对幻灯片中的对象设置播放动画的时间顺序

    C. PowerPoint 演示文稿的默认扩展名为. potx

    D. 在一个演示文稿中能同时使用不同的设计模板(或主题)

31. 在需要整体观察演示文稿中某张幻灯片的播放效果,一般应该选择( )。

    A. 幻灯片浏览视图   B. 大纲视图

    C. 幻灯片放映视图   D. 普通视图

32. 在 PowerPoint 的普通视图下,若要插入一张新幻灯片,其操作为( )。

    A. 单击"文件"选项卡下的"新建"命令

    B. 单击"开始"选项卡→"幻灯片"组中的"新建幻灯片"按钮

    C. 单击"插入"选项卡→"幻灯片"组中的"新建幻灯片"按钮

    D. 单击"设计"选项卡→"幻灯片"组中的"新建幻灯片"按钮

33. PowerPoint 中,在浏览视图下,按住 Ctrl 并拖动某幻灯片,可以完成( )操作。

    A. 移动幻灯片   B. 复制幻灯片   C. 删除幻灯片   D. 选定幻灯片

34. 演示文稿的基本组成单元是( )。

    A. 图形   B. 幻灯片   C. 超链点   D. 文本

35. PowerPoint 中编辑某张幻灯片,插入图像的方法是( )。

    A. "插入"选项卡→"图像"组中的"图片或剪贴画"按钮

    B. "插入"选项卡→"文本框"按钮

    C. "插入"选项卡→"表格"按钮

    D. "插入"选项卡→"图表"按钮

36. 在 PowerPoint 中,下列关于幻灯片版式说法正确的是( )。

    A. 在标题和内容版式中,没有剪贴画占位符

    B. 剪贴画只能插入到空白版式中

    C. 任何版式中都可以插入剪贴画

    D. 剪贴画只能插入到有剪贴画占位符的版式中

37. 为所有幻灯片设置统一的、特有的外观风格,应使用( )。

    A. 母版   B. 放映方式   C. 自动版式   D. 幻灯片切换

38. 在 PowerPoint 的页面设置中,能够设置( )。

    A. 幻灯片页面的对齐方式   B. 幻灯片的页脚

    C. 幻灯片的页眉   D. 幻灯片编号的起始值

39. 若 PowerPoint 的放映类型设置为在展示台浏览,则切换幻灯片采用的方法是( )。

    A. 定时切换   B. 单击鼠标左键   C. 右击   D. 按 Enter 键

40. 单击 PowerPoint 文件选项卡下的最近所用文件命令,所显示的文件名是( )。

    A. 正在使用的文件名

    B. 正在打印的文件名

    C. 扩展名为 pptx 的文件名

D. 最近被 PowerPoint 软件处理过的文件名

41. 在 PowerPoint 中,不可以插入(　　)文件。

    A. avi   B. wav   C. exe   D. bmp(或 png)

42. 在 PowerPoint 中,若要使幻灯片在播放时能每隔 3 秒自动转到下一页,应在"切换"选项卡下(　　)组中进行设置。

    A. 预览   B. 切换到此幻灯片

    C. 计时   D. 以上说法都不对

43. 当保存演示文稿时,若出现"另存为"对话框,则表明(　　)。

    A. 该文件保存时不能用该文件原来的文件名

    B. 该文件不能保存

    C. 该文件未保存过

    D. 该文件已经保存过

44. 在 PowerPoint 中,若一个演示文稿中有 3 张幻灯片,播放时要跳过第 2 张放映,可以的操作是(　　)。

    A. 取消第 2 张幻灯片的切换效果   B. 隐藏第 2 张幻灯片

    C. 取消第 1 张幻灯片的动画效果   D. 只能删除第 2 张幻灯片

45. 在新增一张幻灯片操作中,可能的默认幻灯片版式是(　　)。

    A. 标题幻灯片   B. 标题和竖排文字

    C. 标题和内容   D. 空白版式

46. 将幻灯片中的所有汉字"电脑"都更换为"计算机",应进行的操作是(　　)。

    A. 单击"开始"选项卡→"替换"按钮

    B. 单击"插入"选项卡→"替换"按钮

    C. 单击"开始"选项卡→"查找"按钮

    D. 单击"插入"选项卡→"查找"按钮

47. 在 PowerPoint 中,若要把幻灯片的设计模板(即应用文档主题)设置为"行云流水",应进行的一组操作是(　　)。

    A. "幻灯片放映"选项卡→"自定义动画"选项卡→"行云流水"

    B. "动画"选项卡→"幻灯片设计"选项卡→"行云流水"

    C. "插入"选项卡→"图片"选项卡→"行云流水"

    D. "设计"选项卡→"主题"选项卡→"行云流水"

48. 在 PowerPoint 浏览视图下,按住 Ctrl 键并拖动某幻灯片,完成的操作是(　　)。

    A. 移动幻灯片   B. 复制幻灯片   C. 删除幻灯片   D. 选定幻灯片

49. 在 PowerPoint 中,要设置幻灯片间切换效果(例如从一张幻灯片溶解到下一张幻灯片),应使用(　　)选项卡进行设置。

    A. 动作设置   B. 设计   C. 切换   D. 动画

50. 幻灯片中占位符的主要作用是(　　)。

    A. 表示文本的长度   B. 限制插入对象的数量

    C. 表示图形的大小   D. 为文本、图形等预留位置

51. 在 PowerPoint 中,要在空白幻灯片中输入字符,采用操作的第一步是(　　)。

A. 选择"开始"选项卡下的"文本框"按钮

B. 选择"插入"选项卡下的"图片"按钮

C. 选择"插入"选项卡下的"文本框"按钮

D. 以上说法都不对

52. 在 PowerPoint 环境中,插入一张新幻灯片的组合键是(　　)。

    A. Ctrl+N　　　　　　B. Ctrl+M　　　　　　C. Alt+N　　　　　　D. Alt+M

53. 若在从头播放幻灯片文稿时,需要跳过第 5～9 张幻灯片连续播放,应设置(　　)。

    A. 隐藏幻灯片　　　　　　　　　　　B. 设置幻灯片版式

    C. 幻灯片切换方式　　　　　　　　　D. 删除第 5～9 张幻灯片

54. 在 PowerPoint 中,停止幻灯片播放的组合键是(　　)。

    A. End　　　　　　　　B. Ctrl+E　　　　　　C. Esc　　　　　　D. Ctrl+C

55. PowerPoint 中主要的编辑视图是(　　)。

    A. 幻灯片浏览视图　　　　　　　　　B. 普通视图

    C. 幻灯片放映视图　　　　　　　　　D. 备注视图

56. 在 PowerPoint 幻灯片放映中,要返回到上一张幻灯片,不可以按(　　)。

    A. 左箭头键　　　　B. PageDown 键　　　C. 上箭头键　　　D. BackSpace 键

57. 在 PowerPoint 中需要帮助时,可以按功能键(　　)。

    A. F1　　　　　　　　B. F2　　　　　　　　C. F11　　　　　　D. F12

58. 对幻灯片的重新排序、幻灯片间定时和过渡、加入和删除幻灯片以及整体构思幻灯片都特别有用的视图是(　　)。

    A. 幻灯片视图　　　　　　　　　　　B. 大纲视图

    C. 幻灯片浏览视图　　　　　　　　　D. 普通视图

59. 在 PowerPoint 中,若要更换另一种幻灯片的版式,下列操作正确的是(　　)。

    A. 单击"插入"选项卡→"幻灯片"组中"版式"按钮

    B. 单击"开始"选项卡→"幻灯片"组中"版式"按钮

    C. 单击"设计"选项卡→"幻灯片"组中"版式"按钮

    D. 以上说法都不正确

60. 在幻灯片中插入声音元素,幻灯片播放时(　　)。

    A. 用鼠标单击声音图标,才能开始播放

    B. 只能在有声音图标的幻灯片中播放,不能跨幻灯片连续播放

    C. 只能连续播放声音,中途不能停止

    D. 可以按需要灵活设置声音元素的播放

61. 在 PowerPoint 的幻灯片切换中,不可以设置幻灯片切换的是(　　)。

    A. 换片方式　　　　B. 颜色　　　　　　C. 持续时间　　　　D. 声音

62. 当在交易会进行广告片的放映时,应选择(　　)放映方式。

    A. 演讲者放映　　　　　　　　　　　B. 观众自行放映

    C. 在展台浏览　　　　　　　　　　　D. 需要时按下某键

63. 在 PowerPoint 中,选定了文字、图片等对象后,可以插入超链接,超链接中所链接的目标可以是(　　)。

A. 计算机硬盘中的可执行文件

B. 其他幻灯片文件（即其他演示文稿）

C. 同一演示文稿的某一张幻灯片

D. 以上都可以

64. 在PowerPoint的普通视图中，隐藏了某个幻灯片后，在幻灯片放映时被隐藏的幻灯片将会（　　）。

A. 从文件中删除

B. 在幻灯片放映时不放映，但仍然保存在文件中

C. 在幻灯片放映时仍然可放映，但是幻灯片上的部分内容被隐藏

D. 在普通视图的编辑状态中被隐藏

65. 在PowerPoint中，设置背景时，若使所选择的背景仅适用于当前所选的幻灯片，应该按（　　）。

A. "全部应用"按钮 　　　　　　　　　B. "关闭"按钮

C. "取消"按钮 　　　　　　　　　　　D. "重置背景"按钮

66. 在PowerPoint中，要设置幻灯片循环放映，应使用的是（　　），然后选择"设置幻灯片放映"命令按钮。

A. "开始"选项卡 　　　　　　　　　　B. "视图"选项卡

C. "幻灯片放映"选项卡 　　　　　　　D. "审阅"选项卡

67. 在PowerPoint中，若要使幻灯片按规定的时间，实现连续自动播放，应进行（　　）。

A. 设置放映方式 　　B. 打包操作 　　C. 排练计时 　　　　D. 幻灯片切换

68. 在PowerPoint中，下列说法中错误的是（　　）。

A. 可以动态显示文本和对象

B. 可以更改动画对象的出现顺序

C. 图表不可以设置动画效果

D. 可以设置幻灯片间切换效果

69. 如果对一张幻灯片使用系统提供的版式，对其中各个对象的占位符（　　）。

A. 能用具体内容去替换，不可删除

B. 能移动位置，也不能改变格式

C. 可以删除不用，也可以在幻灯片中插入新的对象

D. 可以删除不用，但不能在幻灯片中插入新的对象

70. 在PowerPoint中，若想设置图片对象的动画效果，在选中图片对象后，应选择（　　）。

A. "动画"选项卡下的"添加动画"按钮 　　B. "幻灯片放映"选项卡

C. "设计"选项卡下的"效果"按钮 　　　　D. "切换"选项卡下的"换片方式"

71. 要隐藏某个幻灯片，则可在"幻灯片"选项卡中选定要隐藏的幻灯片，然后（　　）。

A. 单击"视图"选项卡→"隐藏幻灯片"按钮

B. 单击"幻灯片放映"选项卡→"设置"组中"隐藏幻灯片"按钮

C. 右击该幻灯片，选择隐藏幻灯片命令

D. 左击该幻灯片，选择隐藏幻灯片命令

72. PowerPoint演示文稿文件的后缀是（　　）。

A. pptx   B. xlsx   C. exe   D. pot

73. 要对演示文稿中所有幻灯片做同样的操作(如改变所有标题的颜色与字体)以下选项正确的是(　　)。

    A. 使用制作副本   B. 使用设计模板

    C. 使用母版   D. 使用幻灯片版面设计

74. 对于幻灯片中文本框内的文字,设置项目符号可以采用(　　)。

    A. "格式"选项卡中的"编辑"按钮

    B. "开始"选项卡中的"项目符号"按钮

    C. "格式"选项卡中的"项目符号"按钮

    D. "插入"选项卡中的"符号"按钮

75. 在 PowerPoint 中插入图表是用于(　　)。

    A. 演示和比较数据   B. 可视化地显示文本

    C. 可以说明一个进程   D. 可以显示一个组织结构图

76. 在 PowerPoint 的普通视图左侧的大纲窗格中,可以修改的是(　　)。

    A. 占位符中的文字   B. 图表

    C. 自选图形   D. 文本框中的文字

77. 当需要将演示文稿转移至其他地方,以便可以在大多数计算机观看此演示文稿,可以执行(　　)操作。

    A. 将演示文稿压缩

    B. 将演示文稿打包成 CD

    C. 设置幻灯片的放映效果

    D. 将幻灯片分成多个子幻灯片,以存入磁盘

78. 在演示文稿中插入超级链接时,所链接的目标不能是(　　)。

    A. 另一个演示文稿   B. 同一演示文稿的某一张幻灯片

    C. 其他应用程序的文档   D. 幻灯片中的某一个对象

79. 若要将某张幻灯片版式更改为垂直排列标题与文本,应选择的选项卡是(　　)。

    A. 文件   B. 动画   C. 插入   D. 开始

80. 播放演示文稿时,以下说法正确的是(　　)。

    A. 只能按顺序播放   B. 只能按幻灯片编号的顺序播放

    C. 可以按任意顺序播放   D. 不能倒回去播放

8.7　综合判断题

1. (　　)微型计算机的硬件系统与一般计算机硬件组成一样,由运算器、控制器、存储器、输入设备和输出设备组成。

2. (　　)指令是一种用二进制数表示的命令语言,多数指令由地址码与操作数两部分组成。

3. (　　)TCP 协议负责数据的传输,而 IP 协议负责数据的可靠传输。

4. (　　)"网上邻居"可以显示计算机所连接的网络上的所有的计算机、共享文件夹、

打印机等资源。

5. （　　　）域名中的子域名用//分隔。

6. （　　　）幻灯片中的声音总是在执行到该幻灯片时自动播放。

7. （　　　）在 Windows 7 中，可以使用"计算机"或"资源管理器"来完成计算机系统的软硬件资源管理。

8. （　　　）PowerPoint 2010 中，在备注页视图中，编辑区的上半部分显示幻灯片的缩图，下半部分是备注页编辑区。

9. （　　　）计算机蠕虫是一个程序或程序系列，它采取截取口令并试图在系统中做非法动作的方式直接攻击计算机。

10. （　　　）计算机病毒主要是通过磁盘与网络传播的。

11. （　　　）幻灯片浏览视图中，屏幕上可同时看到演示文稿的多幅幻灯片的缩略图。

12. （　　　）电子政务就是企业与政府间的电子商务。

13. （　　　）操作系统既是硬件与其他软件的接口，又是用户与计算机之间的接口。

14. （　　　）不能在不同的工作簿中移动和复制工作表。

15. （　　　）目前病毒传播的主要途径是网络。

16. （　　　）有人发送给你一个 Excel 2003 文件，你使用 Excel 2010 打开它。当你在 2007 中使用该文件时，该文件会自动保存为 Excel 2010，除非你更改选项。

17. （　　　）PowerPoint 2010 中预先定义了幻灯片的背景色彩、文本格式、内容布局，称为幻灯片的版式。

18. （　　　）PowerPoint 2010 中，在大纲视图模式下，文本的某些格式将不能显示出来，如字体颜色。

19. （　　　）演示文稿一般按原来的顺序依次放映，有时需要改变这种顺序，这可以借助于超级链接的方法来实现。

20. （　　　）在 Internet 上，信息资源与硬件资源主要能共享的是信息资源。

21. （　　　）Excel 2010 中，在某个单元格中输入"'＝18＋11"，按 Enter 键后显示＝18＋11。

22. （　　　）Excel 2010 中，在某个单元格中输入"3/5"，按 Enter 键后显示 3/5。

23. （　　　）计算机网络按使用范围可分为公用网和专用网。

24. （　　　）Internet 是全球最大的计算机网络，它的基础协议是 TCP/IP。

25. （　　　）安装网络打印机与安装本地打印机完全相同。

26. （　　　）IE 浏览器是 Windows 平台上浏览网页工具的唯一选择。

27. （　　　）创建图表之后无法更改图表类型。

28. （　　　）在 Word 中，可以在"目录"对话框的"显示级别"框中缩短或延长目录。

29. （　　　）在演示文稿中，一旦对某张幻灯片应用模板后，其余幻灯片将会应用相同的模板。

30. （　　　）在 Excel 2010 中，填充自动增 1 的数字序列的操作是：单击填充内容所在的单元格，将鼠标移到填充柄上，当鼠标指针变成黑色十字形时，拖动到所需的位置，松开鼠标。

31. （　　　）用计算机控制家用洗衣机，属于计算机应用领域中的过程控制。

32. （　　　）在 Word 2010 中，更改"目录 1"样式会更改文档中的"标题 1"样式。

33. （　　）著名的 UNIX 操作系统是用 C 语言编写的。

34. （　　）在 Windows 中,窗口大小的改变可通过对窗口的边框操作来实现。

35. （　　）在 PowerPoint 2010 中,在大纲视图模式下,只能显示出标题和正文,不显示图像、表格等其他信息。

36. （　　）PowerPoint 中的绘图笔只有在全屏幕放映时才能使用。

37. （　　）在 Windows 中,不能删除有文件的文件夹。

38. （　　）Windows 环境中可以同时运行多个应用程序。

39. （　　）以太网是最常用的一种局域网,交换式以太网所有节点共享一定的带宽,总线式以太网每个节点各自独享一定的带宽。

40. （　　）Excel 中的清除操作是将单元格内容删除,包括其所在的单元格。

41. （　　）hbeu@263.net.cn 是一个合法的 E-mail 地址。

42. （　　）单击"幻灯片放映"选项卡的"设置幻灯片放映"命令,可以设置演示文稿的放映方式。

43. （　　）Excel 2010 默认的各种类型数据的对齐方式是"右对齐"。

44. （　　）在新工作表中,必须首先在单元格 A1 中输入内容。

45. （　　）在 PowerPoint 2010 中,可以在任何视图中创建自定义版式。

46. （　　）因为目前计算机是数字计算机,所以不能处理电流电压之类的模拟数据。

47. （　　）要在幻灯片非占位符的空白处增加文本,可先单击目标位置,然后输入文本。

48. （　　）在 Windows 对等网上,所有打印机、CD-ROM 驱动器、硬盘驱动器、软盘驱动器都能共享。

49. （　　）Windows 操作必须先选择操作对象,再选择操作项。

50. （　　）Internet 上最基本的通信协议是 TCP/IP。

51. （　　）利用文件传输服务(FTP)将文件从远程主机中复制到你的计算机中,这个过程叫下载。

52. （　　）从逻辑功能上看,可以把计算机网络分成通信子网和资源子网两个子网。

53. （　　）CAD 用来帮助设计师设计建筑、零件、服装及电路等,可以节省纸张,省去重复劳动,便于保存和携带设计成果。

54. （　　）在 Internet 上,一台主机可以有多个 IP 地址。

55. （　　）在 Windows 操作系统中,所有被删除文件都可从回收站恢复。

56. （　　）在 Excel 2010 中,如果要在单元格中输入当天的日期,则按 Ctrl＋Shift＋；。

57. （　　）要将幻灯片的标题文本颜色一律改为红色,只需在幻灯片母版上做一次修改即可,并且以后的幻灯片上的标题文本也为红色。

58. （　　）在 Excel 中要添加列,应当在要插入新列的位置右侧的列中,单击任意单元格。

59. （　　）在 Internet 上,每一个电子邮件用户所拥有的电子邮件地址称为 E-mail 地址,它具有如下统一格式：用户名@主机域名。

60. （　　）计算机的外部设备就是指计算机的输入设备和输出设备。

61. （　　）Excel 规定在同一个工作簿中不能引用其他工作表。

62.（　　）计算机病毒通常分为引导型、文件型、混合型等3类。

63.（　　）Excel 2010中的工作簿是工作表的集合。

64.（　　）Excel 2010中，若在某工作表的第五行上方插入两行，则先选定第五和第六两行。

65.（　　）USB接口是一种通用的总线式并行接口，适用于连接键盘、鼠标、数码相机和外接硬盘等外设。

66.（　　）在Internet上，IP地址、E-mail地址都是唯一的。

67.（　　）在Word 2010中，若要插入页眉或页脚，必须先打开页眉和页脚工作区。

68.（　　）每个新工作簿都包含3个工作表。

69.（　　）在Excel中，按Enter键可将插入点向右移动一个单元格。

70.（　　）电报、电话、常规杂志、传真都属于现代通信。

71.（　　）在"打印预览"下查看备注页，发现备注的某些文本格式并不是所需的格式。此时，可以继续操作并在"打印预览"中对此进行更正。

72.（　　）在Excel 2010中"分类汇总"后的工作表不能再恢复原工作表的记录。

73.（　　）在幻灯片浏览视图模式下，以最小化形式显示演示文稿，是将幻灯片以最小化的形式放在任务栏上。

74.（　　）在Excel 2010中，添加筛选的唯一方法是单击"行标签"或"列标签"旁边的箭头。

75.（　　）从物理连接上讲，计算机网络由主机、通信链路和网络节点组成。

76.（　　）在Excel 2010中新建的工作簿里不一定都只有3张工作表。

77.（　　）在Excel 2010中，选取单元范围不能超出当前屏幕范围。

78.（　　）在Excel 2010中的工作簿是工作表的集合，一个工作簿文件的工作表的数量是没有限制的。

79.（　　）光纤是绝缘体，不受外部电磁波的干扰。

80.（　　）在Excel 2010中，如果公式"＝SUM(B4:B7)"中的SUM拼写错误，将得到一个＃NAME? 错误值。要修改公式，必须删除它并重新开始。

81.（　　）筛选是根据给定的条件，从数据清单中找出并显示满足条件的记录，不满足条件的记录被删除。

82.（　　）在Windows中可以没有键盘，但不能没有鼠标。

83.（　　）Internet上的地址有IP地址、域名地址两种表示形式。

84.（　　）Excel中当用户复制某一公式后，系统会自动更新单元格的内容，但不计算其结果。

85.（　　）计算机辅助设计和计算机辅助制造的英文缩写分别是CAM和CAD。

86.（　　）在Excel 2010中进行单元格复制时，无论单元格是什么内容，复制出来的内容与原单元格总是完全一致的。

87.（　　）Windows是一种多用户多任务的操作系统。

88.（　　）删除桌面上的快捷方式，它所指向的项目同时也被删除。

89.（　　）计算机病毒是一种微生物感染的结果。

90.（　　）在Windows中，拖动鼠标执行复制操作时，鼠标光标的箭头尾部带有

"!"号。

91. (　　)在 Windows 中使用资源管理器不能格式化硬盘。

92. (　　)在 Windows 资源管理器的左侧窗口中,文件夹前面没有"＋"或"－"号,则表示此文件夹中既有文件夹又有文件。

93. (　　)万维网(WWW)是一种广域网。

94. (　　)如果想清除分类汇总回到工作表的初始状态,可以单击"分类汇总"对话框中的"全部删除"按钮。

95. (　　)计算机中总线的重要指标之一是带宽,它指的是总线中数据线的宽度,用二进制位数来表示(如 16 位,32 位总线)。

96. (　　)在 Windows 中,要把整幅屏幕内容复制到剪贴板中,可以按 PrintScreen＋Ctrl 键。

97. (　　)在 Windows 中,通过回收站可以恢复所有被误删除的文件。

98. (　　)在 Excel 2010 中,图表一旦建立,其标题的字体、字形是不可改变的。

99. (　　)鼠标器在屏幕上产生的标记符号变为一个"沙漏"状,表明 Windows 正在执行某一项任务,请用户稍等。

100. (　　)在 Excel 2010,排序时每次只能按一个关键字段排序。

附录A　计算机基础习题参考答案

A.1　计算机基础知识习题答案

题号	1	2	3	4	5	6	7	8	9	10
答案	C	C	A	A	D	D	A	A	B	A
题号	11	12	13	14	15	16	17	18	19	20
答案	B	B	C	C	D	D	C	A	C	B
题号	21	22	23	24	25	26	27	28	29	30
答案	A	D	C	D	D	C	B	C	D	C
题号	31	32	33	34	35	36	37	38	39	40
答案	A	A	B	C	D	A	B	A	A	B
题号	41	42	43	44	45	46	47	48	49	50
答案	D	B	B	C	C	B	D	B	B	D
题号	51	52	53	54	55	56	57	58	59	60
答案	C	B	A	C	A	B	A	C	B	C
题号	61	62	63	64	65	66	67	68	69	70
答案	D	A	B	B	D	C	C	A	B	A
题号	71	72	73	74	75	76	77	78	79	80
答案	D	A	A	B	A	A	C	A	D	D
题号	81	82	83	84	85	86	87	88	89	90
答案	A	A	A	A	C	C	A	C	D	D
题号	91	92	93	94	95	96	97	98	99	100
答案	B	B	B	C	B	C	A	B	D	B
题号	101	102	103	104	105	106	107	108	109	110
答案	B	B	A	D	C	D	D	C	B	A
题号	111	112	113	114	115	116	117	118	119	120
答案	A	D	D	C	C	C	E	C	B	C
题号	121	122	123	124	125	126	127	128	129	130
答案	D	D	A	B	B	C	C	A	B	A

续表

题号	131	132	133	134	135	136	137	138	139	140
答案	C	C	B	B	A	C	B	B	A	B
题号	141	142	143	144	145	146	147	148	149	150
答案	D	B	C	C	B	B	B	D	B	A
题号	151	152	153	154	155	156	157	158	159	160
答案	C	C	B	D	D	A	C	A	A	B
题号	161	162	163	164	165	166	167	168	169	170
答案	B	B	B	D	D	A	D	B	B	D
题号	171	172	173	174	175	176	177	178	179	180
答案	D	B	D	A	C	D	C	B	C	C
题号	181	182	183	184	185	186	187	188	189	190
答案	C	A	A	B	B	C	B	B	A	A
题号	191	192	193	194	195	196	197	198	199	200
答案	A	C	C	D	B	C	A	B	D	D

A.2　Windows 操作系统习题答案

题号	1	2	3	4	5	6	7	8	9	10
答案	A	D	B	A	D	D	A	A	B	D
题号	11	12	13	14	15	16	17	18	19	20
答案	A	B	C	A	C	C	C	A	A	C
题号	21	22	23	24	25	26	27	28	29	30
答案	D	D	C	D	B	C	C	A	D	C
题号	31	32	33	34	35	36	37	38	39	40
答案	C	D	A	D	D	B	B	C	D	D
题号	41	42	43	44	45	46	47	48	49	50
答案	C	B	B	D	B	C	A	D	C	C
题号	51	52	53	54	55	56	57	58	59	60
答案	D	C	A	D	B	C	C	D	D	A
题号	61	62	63	64	65	66	67	68	69	70
答案	A	C	D	D	A	A	A	D	C	C
题号	71	72	73	74	75	76	77	78	79	80
答案	B	B	D	D	C	C	C	D	A	B
题号	81	82	83	84	85	86	87	88	89	90
答案	B	A	B	B	B	B	B	B	A	D
题号	91	92	93	94	95	96	97	98	99	100
答案	C	B	C	D	C	A	D	A	B	B
题号	101	102	103	104	105	106	107	108	109	110
答案	C	A	B	C	B	A	B	A	C	B
题号	111	112	113	114	115	116	117	118	119	120
答案	D	A	C	B	B	C	C	B	B	C

续表

题号	121	122	123	124	125	126	127	128	129	130
答案	D	A	A	A	B	A	B	B	D	D
题号	131	132	133	134	135	136	137	138	139	140
答案	B	A	B	B	D	A	D	B	A	B
题号	141	142	143	144	145	146	147	148	149	150
答案	D	D	A	C	C	C	A	A	C	A

A.3 计算机网络习题答案

题号	1	2	3	4	5	6	7	8	9	10
答案	D	C	B	A	B	C	C	B	C	A
题号	11	12	13	14	15	16	17	18	19	20
答案	C	B	C	C	C	C	C	B	C	A
题号	21	22	23	24	25	26	27	28	29	30
答案	C	B	D	A	C	D	D	A	D	B
题号	31	32	33	34	35	36	37	38	39	40
答案	B	D	D	D	C	C	C	D	C	D
题号	41	42	43	44	45	46	47	48	49	50
答案	B	A	B	A	C	C	B	C	C	C
题号	51	52	53	54	55	56	57	58	59	60
答案	B	D	A	A	D	C	C	D	A	D
题号	61	62	63	64	65	66	67	68	69	70
答案	B	D	B	A	A	A	C	A	C	D
题号	71	72	73	74	75	76	77	78	79	80
答案	B	D	C	D	A	D	A	C	D	B
题号	81	82	83	84	85	86	87	88	89	90
答案	A	D	A	B	A	A	B	C	B	A
题号	91	92	93	94	95	96	97	98	99	100
答案	C	B	B	B	C	A	B	A	C	D

A.4 Word 2010 习题答案

题号	1	2	3	4	5	6	7	8	9	10
答案	D	B	C	D	B	C	D	C	C	B
题号	11	12	13	14	15	16	17	18	19	20
答案	C	B	D	C	A	B	D	B	B	A
题号	21	22	23	24	25	26	27	28	29	30
答案	B	C	B	D	B	C	C	A	A	A

题号	31	32	33	34	35	36	37	38	39	40
答案	A	B	C	C	B	B	B	B	A	C
题号	41	42	43	44	45	46	47	48	49	50
答案	C	B	C	D	B	C	B	B	D	D
题号	51	52	53	54	55	56	57	58	59	60
答案	B	C	B	A	C	A	D	C	B	D
题号	61	62	63	64	65	66	67	68	69	70
答案	D	A	B	A	B	C	C	B	C	A
题号	71	72	73	74	75	76	77	78	79	80
答案	D	A	B	B	A	D	C	A	B	C
题号	81	82	83	84	85	86	87	88	89	90
答案	D	C	A	B	C	D	D	C	B	B
题号	91	92	93	94	95	96	97	98	99	100
答案	B	B	C	C	D	B	A	B	C	B

A.5　Excel 2010 习题答案

题号	1	2	3	4	5	6	7	8	9	10
答案	D	D	A	C	D	B	D	D	B	A
题号	11	12	13	14	15	16	17	18	19	20
答案	B	B	C	B	D	B	A	D	B	B
题号	21	22	23	24	25	26	27	28	29	30
答案	C	C	D	A	D	D	C	B	B	A
题号	31	32	33	34	35	36	37	38	39	40
答案	A	D	B	C	B	A	A	A	C	C
题号	41	42	43	44	45	46	47	48	49	50
答案	B	C	C	B	D	A	A	A	A	A
题号	51	52	53	54	55	56	57	58	59	60
答案	C	C	C	C	A	A	B	B	A	D
题号	61	62	63	64	65	66	67	68	69	70
答案	B	D	A	B	A	C	C	D	B	B
题号	71	72	73	74	75	76	77	78	79	80
答案	B	C	D	A	C	C	B	A	A	A

A.6　PowerPoint 2010 习题答案

题号	1	2	3	4	5	6	7	8	9	10
答案	D	D	C	C	A	D	A	B	D	B
题号	11	12	13	14	15	16	17	18	19	20
答案	D	B	B	C	A	D	D	D	B	D

续表

题号	21	22	23	24	25	26	27	28	29	30
答案	A	A	D	A	C	C	A	A	C	B
题号	31	32	33	34	35	36	37	38	39	40
答案	C	B	B	B	A	C	A	D	A	D
题号	41	42	43	44	45	46	47	48	49	50
答案	C	C	C	B	C	A	D	B	C	D
题号	51	52	53	54	55	56	57	58	59	60
答案	C	B	A	C	B	B	A	C	B	D
题号	61	62	63	64	65	66	67	68	69	70
答案	B	C	D	B	B	C	C	C	C	A
题号	71	72	73	74	75	76	77	78	79	80
答案	B	A	C	B	A	A	B	D	D	C

A.7 综合判断题习题答案

题号	1	2	3	4	5	6	7	8	9	10
答案	√	×	×	√	×	×	√	×	√	√
题号	11	12	13	14	15	16	17	18	19	20
答案	√	×	√	×	√	×	×	√	√	√
题号	21	22	23	24	25	26	27	28	29	30
答案	√	×	√	√	×	×	×	√	√	×
题号	31	32	33	34	35	36	37	38	39	40
答案	√	×	√	√	√	√	×	√	×	×
题号	41	42	43	44	45	46	47	48	49	50
答案	√	√	×	×	×	×	×	√	√	√
题号	51	52	53	54	55	56	57	58	59	60
答案	√	√	√	√	×	×	√	×	√	×
题号	61	62	63	64	65	66	67	68	69	70
答案	×	×	√	√	×	√	×	√	×	×
题号	71	72	73	74	75	76	77	78	79	80
答案	×	×	×	×	×	√	×	×	√	×
题号	81	82	83	84	85	86	87	88	89	90
答案	×	×	√	×	×	×	×	×	×	×
题号	91	92	93	94	95	96	97	98	99	100
答案	×	×	×	√	×	×	×	×	√	×

参 考 文 献

[1] 焦家林,等.大学计算机应用基础教程[M].北京:清华大学出版社,2014.

[2] 朱三元,等.计算机基础实验指导与习题[M].北京:科学出版社,2011.

[3] 陈晓文,等.计算机网络工程与实践[M].北京:清华大学出版社,2017.

[4] 教育部考试中心.全国计算机等级考试一级教程——计算机基础及 MS Office 应用(2018 版)[M].北京:高等教育出版社,2017.

[5] 教育部考试中心.全国计算机等级考试一级教程——计算机基础及 MS Office 应用上机指导(2018 年版)[M].北京:高等教育出版社,2017.

[6] 杨兆兴.计算机应用基础实训指导[M].北京:人民邮电出版社,2017.

[7] 唐铸文.计算机基础学习指导与实训[M].6 版.武汉:华中科技大学出版社,2017.

[8] 范强.大学计算机基础实训指导[M].北京:中国铁道出版社,2018.

[9] 孙中红.大学计算机实验教程[M].3 版.北京:高等教育出版社,2018.

[10] 赵平.大学计算机基础题解与上机指导[M].北京:中国农业出版社,2017.

[11] 涂蔚萍.计算机应用基础 Windows 7+Office 2010[M].2 版.北京:电子工业出版社,2017.

[12] 郑馥丹.“互联网+”计算机应用基础实验教程 Windows 7+Office 2010[M].北京:北京邮电大学出版社,2017.

[13] 朱新琰.计算机应用基础实训指导 Windows 7+Office 2010[M].北京:电子工业出版社,2017.

[14] 刘垣,等.Access 2010 数据库应用技术案例教程[M].北京:清华大学出版社,2018.

[15] 李永胜,等.大学计算机基础实验指导与习题集[M].北京:中国铁道出版社,2017.

[16] 潘峰,等.计算机应用基础上机指导 Windows 7+Office 2010[M].镇江:江苏大学出版社,2017.

[17] 赵洪帅.Access 2010 数据库应用技术教程上机指导[M].2 版.北京:中国铁道出版社,2018.

[18] 胡绿慧,等.Access 2010 数据库应用案例教程[M].上海:上海交通大学出版社,2018.

[19] 范二朋.2018 年全国计算机等级考试 真题汇编与专用题库 一级计算机基础及 MS Office 应用无纸化考试专用[M].北京:人民邮电出版社,2018.

[20] 史家银,等.大学计算机基础上机指导与习题集[M].北京:人民邮电出版社,2017.

[21] 姜波,等.计算机应用基础实训指导与习题[M].2 版.北京:高等教育出版社,2014.

[22] 欧阳利华.计算机应用基础实训指导与习题[M].3 版.北京:高等教育出版社,2017.

[23] 陈静,等.大学计算机公共基础习题与上机指导[M].北京:北京理工大学出版社,2017.

高等学校通识教育系列教材

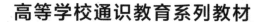

大学计算机基础
实验教程

陈晓文 熊曾刚 王曙霞 主　编

涂俊英 朱三元 张学敏 副主编

清华大学出版社